绿色发展与生态文明法治建设研究

陈俊丽 著

中国原子能出版社

图书在版编目（CIP）数据

绿色发展与生态文明法治建设研究 / 陈俊丽著.
北京：中国原子能出版社，2024. 12. -- ISBN 978-7
-5221-4023-0

Ⅰ. X321.2

中国国家版本馆 CIP 数据核字第 2024T3169G 号

绿色发展与生态文明法治建设研究

出版发行	中国原子能出版社（北京市海淀区阜成路 43 号　100048）
责任编辑	张　磊
责任印制	赵　明
印　　刷	北京厚诚则铭印刷科技有限公司
经　　销	全国新华书店
开　　本	787 mm×1092 mm　1/16
印　　张	13.75
字　　数	210 千字
版　　次	2024 年 12 月第 1 版　2024 年 12 月第 1 次印刷
书　　号	ISBN 978-7-5221-4023-0　　　　定　价　**89.00 元**

前　言

在当今全球化的浪潮中，随着工业化进程的加速推进，环境问题日益凸显，成为人类社会可持续发展的瓶颈。空气污染加剧、水资源日益枯竭、生物多样性急剧下降以及气候变化带来的极端天气事件频发，这些问题不仅严重破坏了地球生态系统的平衡，更对人类的生存环境和未来发展构成了严峻挑战。面对这一形势，绿色发展理念应运而生，它强调经济发展与环境保护的和谐共生，倡导通过科技创新和制度创新，推动资源节约型、环境友好型社会的构建，以实现经济社会可持续发展与生态环境保护的双赢。

在中国，生态文明建设已被提升至国家战略层面，成为全面深化改革的关键一环。进入 21 世纪以来，中国政府高度重视生态环境保护工作，相继提出了一系列新理念、新思想、新战略，为生态文明建设提供了明确的方向指引和政策支持。在此背景下，加强生态文明领域的法律制度建设显得尤为重要，它不仅是保障绿色发展目标得以实现的重要基石，也是推动生态文明建设向纵深发展的有力保障。

本书旨在系统探讨绿色发展与生态文明法律制度建设的内在联系与实践路径。首先，从理论层面深入剖析了绿色发展和生态文明的相关理论，揭示了它们对生态文明建设的深远影响与推动作用。随后，从多维视角出发，全面审视了生态文明建设的各个方面，包括区域生态文明建设的实践探索与跨区域合作机制、乡村环境传播与农村生态文明建设的互动关系，以及中国生态文明建设中的生态社会主义意蕴等。在此基础上，本书还深入探讨了公众参与在生态文明建设中的重要作用，以及生态文明法学创新的逻辑起点与发展模式。同时，对环境权的法律框架进行了详细阐述，包括其内涵界定、属性特征、权利主体及保护救济机制等。此外，本书还着重讨论了生态文明制度建设的思想内涵、战略重点及路径优化策略，并对生态文明的法治保障进行了全面而深入的分析，旨在为生态文明建设提供一套科学、系统、可操作的法律支撑体系。

在本书的撰写过程中，广泛参考了国内外专家学者的著作和研究成果，汲取了丰富的理论养分和实践经验。然而，由于时间紧迫及作者水平所限，书中难免存在疏漏与不足之处。诚挚地希望各位读者能够提出宝贵的批评与建议，以便我们不断改进和完善，为推动我国生态文明建设与绿色发展事业贡献绵薄之力。

著　者

2024 年 10 月

目　　录

第一章　绿色发展与生态文明概述

第一节　绿色发展相关理论

一、绿色发展的内涵及理论研究

（一）绿色发展的基本内涵

在当今世界，促进人与自然和谐共生、走绿色发展之路已成为一股不可逆转的潮流。这一新模式建立在生态环境容量和资源承载力的严格约束之下，将环境保护视为实现可持续发展的重要基石。绿色发展不仅追求经济增长和社会进步，更以效率、和谐与持续为发展目标，将生态环境视为经济发展的内在要素，力求在经济发展的同时，充分兼顾生态效益。

绿色发展理念包含三个核心方面。

（1）在思想层面，它倡导生态价值观和生态伦理观。这意味着人类必须认识到，自然并非仅仅是人类的附属品或资源宝库，而是与人类一样，具有自身的价值和主动性。所有生命都依赖于自然，因此，人类应尊重生命、尊重自然界，与其他生命共享这个美丽的地球。生态伦理则要求人类在处理与动物、环境和大自然等生态环境的关系时，必须遵循自然规律，尊重物类的存在，维护生命的权利，顺应自然运行的规律，以实现人与自然的和谐共生。在践行绿色发展理念的过程中，我们需要树立尊重自然、顺应自然、保护自然的生态文明观念，将生态文明纳入社会主义核心价值体系，通过绿色教育，让每一个人都树立起生态文明的新风尚。

（2）在生产层面，绿色发展强调以生态技术为支撑的绿色生产。这要求我们在生产过程中，必须运用生态技术和生态工艺，对传统产业进行改造升级，形成生态化的产业体系。同时，我们还需要提供生态产品，采用生态技术，发展生态经济，以在未来的竞争格局中占据有利地位。这种绿色生产不仅有助于提高生产效率，降低资源消耗和环境污染，更有助于推动经济社会的可持续发展。

（3）在生活方式层面，绿色发展倡导以低碳为基础的绿色消费。这意味着我们需要改变过去那种过度消费和物质主义的生活方式，转而追求生活的质量而非简单需求的满足。人类个体的生活既不能损害群体生存的自然环境，也不应损害其他物种的繁衍生存。因此，我们需要倡导合理的、低碳的消费结构，厉行节约、反对浪费，使绿色消费成为人类生活的新目标和新时尚。通过这种方式，我们可以过上真正符合人类本性及社会道德的生活，实现人与自然的和谐共生。

总之，绿色发展是实现生产发展、生活富裕、生态良好的文明发展道路的历史选择。当前，我们必须加快推动生产方式和生活方式的绿色化转型，构建科技含量高、资源消耗低、环境污染少的产业结构和生产方式，大幅提高经济的绿色化水平。同时，我们还需要加快发展绿色产业，形成经济社会发展的新增长点。在生活方式上，我们需要实现向勤俭节约、绿色低碳、文明健康的方向转变，力戒奢侈浪费和不合理消费。只有这样，我们才能真正走向人与自然和谐共生的美好未来。

（二）绿色发展的理论基础

1. 绿色发展与可持续发展

可持续发展作为一种全面的发展理论和战略，其核心理念在于平衡经济发展与生态环境保护之间的关系。它不仅仅是一种经济增长模式，更是一种新的发展观、道德观和文明观，旨在通过长远视角，确保当代人的需求得到满足的同时，不损害后代人满足其需求的能力。可持续发展的基础是保护自然资源环境，通过激励经济发展，改善与提高人们的生活质量。这种发展模式强调生态环境保护与经济增长的和谐共生，体现了公平、发展与持续的价值观。

绿色发展作为可持续发展的深化与拓展，将环境因素视为经济增长的内在要素，通过优化经济结构、提升资源利用效率，推动经济、社会和生态之间的平衡与协调。绿色发展的经济模式不仅追求经济效益，更注重生态效益和社会效益的和谐统一，体现了可持续发展的公平性、发展性与持续性。其目标是通过绿色化的发展路径，实现人类社会的可持续发展，确保人类自身得到充分发展的同时，不对生态环境造成破坏，保障后代人的生存与发展权益。

从理念层面看，绿色发展是对传统发展模式的根本性变革，它在继承可持续发展"低消耗、低排放、低污染"原则的基础上，进一步提出了"高效率、高循环、高碳汇"的要求。这不仅反对片面追求经济增长而忽视生态环境保护的做法，也反对将经济发展与生态环境保护对立起来的观念。绿色发展强调通过科技创新和制度创新，推动经济结构的优化升级，实现经济社会的绿色转型。

2. 绿色发展与循环经济

循环经济作为一种现代经济模式，其核心在于实现资源的减量化、再利用和资源化再循环。通过优化资源配置，提高资源利用效率，减少废弃物的产生和排放，循环经济为经济社会发展提供了可持续的支撑。这种经济模式以物质的高效、安全、循环利用为外在表现形式，旨在为人类创造一个健康、良好的生活环境。

在中国，循环经济的发展与绿色可持续发展的目标高度契合。面对经济持续高速增长带来的资源可持续供给压力和生态环境保护压力，循环经济提供了一种有效的解决方案。通过推动资源的循环利用和废弃物的减量化处理，循环经济有助于缓解资源短缺问题，减轻环境负荷，促进经济的绿色转型。

实践表明，循环经济的发展不仅有助于节约资源、减少废弃物排放，还能降低资源成本和能源成本，提高经济效益。同时，它还能创造新的就业机会，促进社会稳定和协调发展。然而，循环经济的发展需要良好的社会制度支持。只有在社会分配制度和谐、公平的状态下，循环经济才能得到顺利发展。因此，推动社会制度的创新与完善，是实现循环经济与生态环境保护共同发展的关键所在。

此外，循环经济的发展还需要科技创新的支撑。通过研发和应用新技术、新工艺和新材料，提高资源的回收利用率和废弃物的资源化水平，可以进一步推动循环经济的发展。同时，加强国际合作与交流，借鉴国际先进经验和技术，也是推动中国循环经济发展的重要途径。

3. 绿色发展与低碳经济

低碳经济，这一以低能耗、低污染、低排放为基石的经济模式，其精髓在于提升能源利用效率、优化清洁能源结构，并矢志追求绿色发展。它的核心在于能源技术与减排技术的革新、产业结构的调整以及制度创新，同时伴随着人类生存发展观念的深刻转变。发展低碳经济，关键在于扭转人们的高碳消费倾向与碳偏好，降低化石能源的依赖，从而减缓碳足迹，实现低碳生活，并在这一进程中，为绿色发展注入强劲动力。

21 世纪，无疑是绿色发展的时代。面对生态环境的日益严峻，绿色发展已成为全球共识。从实践层面看，世界各国，尤其是发达国家，正通过建立碳排放交易体系、制定严格的碳排放规则，积极推动低碳经济的发展。碳金融，作为这一交易体系及规则的衍生物，正逐步显现其重要价值。从理论维度审视，低碳经济不仅是新兴的经济模式，更是一场深刻的经济形态变革。它基于市场机制，通过制度创新与政策引导，推动能效技术、节能技术、可再生能源技术及温室气体减排技术的研发与应用，引领社会经济向高效能、低能耗、低碳排放的崭新模式转型。低碳经济，针对的是传统的碳基能源发展模式，它倡导的是新能源及可再生能源的广泛应用，代表着人类能源利用方式的根本性转变。

低碳经济，还是一种全新的经济形态，是对人与自然、人与社会、人与人和谐共生关系的理性认知。它倡导低能耗、低物耗、低污染、低排放，同时追求高能效、高效率、高效益，是绿色可持续经济的典范。低碳经济，标志着人类社会从原始文明、农业文明、工业文明向生态文明的跨越，是人类社会继工业革命、信息革命之后的又一次伟大革命——新能源革命。此外，低碳经济以碳排放数量作为价值衡量标准，既反映了人类对能源、资源的利用水平及方式，又引领着生产方式与生活方式的深刻变革，形成新的经济社会发展模式。低碳经济，是人类经济活动历程中的一个特殊阶段，是人类应对自然环境变化、调整经济活动方式的必然结果。

4. 绿色发展与生态文明

生态文明建设，是在人与自然和谐发展理念的指引下，人类合理开发与利用自然资源，摆脱生态危机，解决人与自然矛盾，追求与创造生态文明成果的实践活动。它标志着人类对自然的态度已从敬畏、征服转向和谐共处、协调统一。生态文明建设，涵盖了经济、政治、文化等多个领域，发挥着约束与引导的重要作用。

生态文明建设，是生态文明在实践中的成果体现，包括软件建设与硬件建设两大方面。软件建设，涉及人类生态环保意识的提升、生态素质的提高、生态文化的发展及生态文明教育的普及等；硬件建设，则涵盖生态环境法律制度与规范的制定，以及生态环境保护设施、设备等硬件条件的完善。

生态文明建设，是实现生态文明的操作路径与实践过程。它要求牢固树立生态环保优先、生态文明及绿色低碳发展的理念，并以此为基础，坚持不懈地推进相关政策与措施的实施。生态文明建设的最终目标是实现可持续发展的最优化效果。

走绿色发展道路，建设生态文明，实现人与自然和谐共生，既是可持续发展的前提与保障，也是社会主义现代化建设的本质要求，更是人类社会发展的必然趋势与文明延续的基本条件。对我国而言，走绿色发展道路，是生态文明建设的必然选择。我国经济发展曾付出沉重的资源环境代价，资源短缺已成为经济社会可持续发展的瓶颈。解决人类发展与环境保护之间的矛盾，关键在于走绿色发展道路。传统的高污染、高消耗发展模式已难以为继，唯有绿色发展，才能实现和谐、可持续的发展。实施绿色发展战略，是我国经济社会向可持续发展之路迈进的必由之路，也是推进生态文明建设的关键所在。因此，绿色发展与生态文明建设相辅相成，密不可分。

生态文明，是人类在改造自然、促进社会进步与发展的过程中，努力实现人与自然、人与人、人与社会和谐共生的成果。它强调人的自觉与自律，人与自然环境的相互依存、相互促进、共促共荣。建设生态文明，必须坚定不移地走绿色发展之路；实现绿色发展，则是提升生态文明水平的具体路径。

生态文明建设，要求人类在改造自然的同时，必须尊重自然规律，自觉保护生态环境，实现人与自然的和谐共生。生态文明建设的核心是建立以人为本、以生态为本的新型发展观。绿色发展，不仅体现了公民绿色意识的觉醒，还反映了发展观在经济领域的科学转变及公民价值观向生态环保方向的转变。它体现了公众对更高层次生态文明的追求，是统筹人与自然和谐发展的新模式。而建设生态文明，正是为了实现人与自然的和谐共处。因此，生态文明建设，是绿色发展理念的精神内涵。生态文明建设理论的提出，标志着马克思主义绿色发展观迈入了一个全新的发展阶段。

生态文明，为人类提供了一种全新的社会建制与文明形态。然而，要实现生态文明，还需具体的技术支撑、理念引导、制度建设和文化推动。体系化的发展模式，为生态文明建设提供了有力支撑。绿色发展，能够使我国提前实现发展与污染物排放、不可再生资源消耗的脱钩，大幅减少生态环境污染，实现由生态赤字向生态盈余的转变。绿色发展，是对传统发展方式的根本性变革，是经济、社会、生态三位一体的新型发展道路。它从发展理念、技术手段、价值评判、文化模式和伦理内涵等方面，为生态文明建设提供了实现路径。绿色发展，通过整合生态文明的理论与实践，全面系统地提出了全新的发展道路，为生态文明建设提供了坚实的技术支撑与理念引领。

二、产业绿色化的相关理论研究

（一）产业绿色化的内涵

产业绿色化是一种现代产业发展模式，其核心在于实现产业经济活动的生态化转型。这要求各产业在各类活动中合理且充分地节约利用各类资源，包括知识与智力资源，旨在实现物质消耗的最小化和污染排放的最小化。通过这种转型，产品和服务在生产和消费过程中对生态环境和人体健康的损害将被降至最低，从而达到产业经济发展的生态代价和社会成本最小化。产业绿色化将产业发展建立在生态环境良性循环的基础之上，追求生态效益、经济效益和社会效益的最佳有机统一，以实现生态与经济相互协调的可持续发展。

（二）产业绿色化的特征

与传统产业发展路径相比，产业绿色化展现出以下显著特征。

1. 可持续性

产业绿色化将生态文明建设置于核心地位，强调将生态文明建设全面融入产业发展的全过程和各个环节。这一理念打破了传统的"先污染后治理"或"边污染边治理"的二元发展路径，旨在推动经济社会与生态文明协同提升，实现经济社会的可持续发展和永续发展。

2. 约束性

在产业绿色化的发展过程中，环境容量和资源承载力构成了刚性的约束条件。产业规模和增长速度必须严格以环境容量和资源承载力为前提，确保自然环境资源不是经济系统的附属品，而是经济发展的基础。这种约束性体现了对生态环境及资源的尊重和保护，确保了产业发展的可持续性。

3. 积极性

产业绿色化不仅摒弃了造成环境污染和生态破坏的传统发展模式，也超

7

越了基于自然中心主义的"零增长"或"负增长"的消极被动发展观念。它积极追求科学发展，致力于新型工业化的发展道路。产业绿色化将保护生态环境视为保护生产力，将改善生态环境视为发展生产力的重要途径。同时，它将生态文明建设视为开发绿色资源、积累绿色资产、拓展绿色空间的有效手段和路径，展现出一种积极、主动、进取的发展态势。

（三）产业绿色化的相关理论基础

1. 绿色经济理论

"绿色经济"这一术语，由经济学家皮尔斯在 1989 年出版的《绿色经济蓝皮书》中首次提出，它也被广泛称为生态经济。绿色经济是一种以市场为导向，建立在传统产业经济基础之上，将生态环境建设融入产业链，旨在实现经济与环境和谐共生的新型经济形式。它代表了产业经济为适应人类社会新需求而展现出的新状态。绿色经济通过转化众多有利于环境的技术为生产力，并采取与环境友好的经济行为，确保了经济的长期稳定增长。相较于传统的产业经济，后者往往以破坏生态平衡和大量消耗能源资源为特征，形成了一种损耗式的经济模式，而绿色经济则致力于维护人类生存环境，合理使用能源资源，实现了一种平衡式的经济发展。

随着全球对绿色经济的重视及其快速发展，人类经济发展观念正经历着从追求利润最大化向追求福利最大化的深刻转变。关于绿色经济的理解，学术界主要形成了四种观点：首先，绿色经济被视为将环境或生态要素纳入生产力要素的产业，如生态旅游业、高效生态农业和现代林业等。其次，绿色经济被视为可持续发展的经济形态，两者在理念上高度一致。从狭义角度看，绿色经济依赖于可再生和可更新的生态资源，特别是绿色植物资源；而从广义角度看，它则建立在可循环利用资源的基础上，强调生态与经济的良性循环与协调发展。第三种观点从环境资源的角度出发，将绿色经济定义为经济与生态环境协调发展的新型增长方式和经济模式，它评价经济活动的标准和结果是否有利于环境保护和资源可持续利用。最后，绿色经济被视为以环境保护为基础的经济，其兴起伴随着环保产业的蓬勃发展，以及由此引发的工业和农业生产方式的变革，进而推动了绿色产业的快速发展。

针对现代经济增长过程中经济社会发展与环境保护之间的持续冲突，西方理论界形成了"浅绿色"和"深绿色"两种不同观点。"浅绿色"思想认为，科技进步能够找到新的能源和替代资源，通过技术手段解决当前的环境和生态问题。现代工业社会或后工业社会经过适当调整，可以有效推进科技进步，从而有效应对全球性问题。"深绿色"思想则强调，虽然科技进步能提高资源利用效率并发现新的可替代资源，从而在一定时期和区域内缓解环境和资源压力，但它更倡导一种以保护生态环境、节约资源为基础的绿色经济模式。这种经济模式以满足人类未来高质量生活标准或适度的人均资源使用水平为前提，追求适度的经济规模和技术水平，旨在实现区域性的自给自足。这两种观点共同构成了对绿色经济发展路径的深刻探讨，为寻求经济社会与环境保护之间的平衡提供了重要的理论支撑。

与传统经济相比，绿色经济展现出其独有的特征与价值。

（1）以人为本，追求全面发展。绿色经济以人类全面发展为核心目标，不仅关注人的基本需求，更强调服务于人的高层次需求与服务。它倡导人类活动与经济行为应遵循自然环境的生态规律，实现经济、自然与社会的和谐共生。这意味着人类应与生态环境共同发展，节约并高效利用自然资源，确保人类社会的可持续发展。绿色经济反对片面追求经济增长而忽视生态环境保护的做法，它认为经济活动的价值应体现在提升人类生活质量、实现人类自身价值上，而非仅仅追求对自然界的占有或改造程度。因此，绿色经济强调以人与自然和谐共处为原则，克服工业化带来的负面效应，解决社会经济活动与生态环境之间的矛盾。

（2）资源环境双重约束，促进合理发展。绿色经济的发展受到资源承载力和环境容量的双重刚性制约。这意味着经济发展的规模和速度必须在这两者的限制下合理确定，以确保经济活动不超出生态环境的承受能力。社会经济活动是在生态环境和生态资源这一大系统中运行的，因此，生态环境与生态资源不仅是经济活动的内在动力，也是其运行的基础。然而，这种制约并非意味着经济发展无所作为，而是要求我们在时间与空间上寻求发展的可能性。随着区域发展中各种要素（如经济、产业和技术）的进步，相同的资源和生态环境对经济发展的承载力和最大容量限制也会有所不同。同样，在相同的经济规模和发展条件下，不同的生态环境和生态资源条件对经济活动的支撑作用也会有所差异。因此，绿色经济倡导在保护生态环境的同时，实现经济的合理增长。

（3）内在属性。可持续发展：绿色经济具有可持续发展的内在属性，这是其与传统经济的重要区别。人类的生存与发展必须建立在对生态环境的合理利用和对自然规律的科学遵循之上。绿色经济要求将经济发展速度与规模控制在生态环境可承受的范围内，以实现经济、社会与环境的协调发展。为实现这一目标，绿色经济倡导建立新的可持续发展生产技术、生产方式和消费方式，以克服现代文明中的物质主义、消费主义和享乐主义倾向，遏制工业化和科学技术发展中对自然环境的破坏性行为。绿色经济不仅关注当前的经济利益，更着眼于未来的可持续发展，为人类社会和生态环境的长期和谐共存提供有力保障。

2. 产业生态学理论

产业生态化，作为一种创新的发展理念，旨在模拟自然生态系统的有机循环机制，通过优化特定地域空间内产业系统、自然系统与社会系统之间的相互作用，确保这些系统在自然系统承载能力的范围内实现和谐共生与持续发展。这一过程不仅促进了自然、社会与经济的协调发展，而且强调了对资源的充分利用和对环境污染的有效控制。产业生态化被视为实现可持续发展的重要实践路径，它倡导建立一种新的经济与环境系统循环模式，该模式具有高度统一性，其中各组成因素相互依存、不可分割。从原材料的开采到产品的生产、包装、使用乃至废料的最终处理，产业生态化贯穿于整个物质和能量的循环过程之中。这种循环不仅关注企业内部的优化，更着眼于更高层次的区域系统乃至整个国家或地区产业系统的整体优化。产业生态系统如同一个宏大的生态圈，通过区域间产业生态系统的相互依存与互动，推动全球范围内产业活动与生态系统的良性循环和可持续发展。

在产业生态学的框架下，"末端控制"的传统环境管理思想与方法逐渐显露出其局限性，它们试图将每个工业过程孤立为封闭系统，这在经济性和可行性上均面临挑战。相比之下，产业生态系统强调系统个体（如公司或企业）之间的协同作用，通过有效利用各系统间的输出流实现资源的再利用与价值提升。这一理念将自然生态系统视为产品系统输出流的中介或载体，促进了物质与能量的高效循环。产业生态系统与生物圈、大气圈、水圈、土壤圈和岩石圈之间存在着复杂的物质循环关系，这些循环构成了地球生态系统的基础。通过"物质平衡"和"物质循环"理论，我们可以对产业生态系统与自然系统之间的输入流、输出流进行精确测度，这不仅为评价产业生态系统对环境的影响提供了科学依据，也为制定环境改善策略提供了有效方法。更重要的是，这一理论框架为应对复杂环境决策提供了可行的路径，有助于推动产业活动与生态环境的和谐共生与可持续发展。

在推动产业生态化的宏伟进程中，深入应用产业生态学的基本原理，致力于将当前尚不成熟甚至已失衡的工业系统引导至成熟的顶级群落型生态工业系统，是产业生态学研究的核心使命与焦点。这一转型不仅触及技术层面的革新，更深刻关联到观念的重塑、生产方式的根本性转变以及社会经济结构的全面调整，是一个多维度、深层次的变革过程。其实现路径可细化为以下几个关键方面。

（1）观念革新。树立"废物即资源"的新理念。在这一理念的引领下，企业和社会各界需彻底转变对生产、服务及运营过程中产生的残余物或排放物的传统认知，不再将其视为无用的负担，而是视为蕴含巨大价值的宝贵资源。通过这一观念的转变，可以极大地激发资源循环利用的潜力，减少环境污染，提升资源利用效率，为产业生态化奠定坚实的思想基础。

（2）技术创新。以改善生态环境为核心目标。在技术创新的过程中，企业应将改善生态环境作为首要考量，从原材料的选择、生产工艺的优化到最终产品的设计，均应确保对人体和自然生态系统的影响最小化。这意味着需积极研发和应用环保型原材料、清洁生产工艺以及绿色产品，同时避免使用有毒有害物质，减少污染物排放，以科技的力量推动产业向更加绿色、可持续的方向发展。

（3）循环设计。促进副产品和残余物的循环利用。在工艺和产品设计中，应充分融入循环经济的理念，优先考虑副产品和残余物的循环利用潜力。通过采用循环再生材料、设计易于拆解和回收的产品结构，以及延长产品使用寿命等措施，可以显著降低对原始资源的依赖，提高资源的整体利用效率，为产业生态化提供有力的支撑。

（4）节能减排。追求物质与能量消耗的最小化。在产品生命周期的每一个环节，都应致力于实现单位产品或服务的物质消耗和能量消耗最小化。这不仅有助于降低生产成本，提升企业的经济效益，更能够显著减轻对环境的压力，符合可持续发展的基本原则。通过采用先进的节能技术和设备，优化生产流程，以及加强能源管理等措施，可以不断推进节能减排工作的深入开展。

（5）生态保护。重视生物多样性和生态系统服务功能的保护。在产业用地的规划、设备及基础设施的建设或改造过程中，必须充分考虑对生物多样性和生态系统服务功能的影响。通过采取有效的保护措施，减少对自然环境的干扰和破坏，保护物种多样性和它们的栖息地，对于维护生态平衡、保障人类福祉具有不可估量的价值。这不仅是产业生态化的重要内容，也是推动社会可持续发展的必然要求。

（6）供应链管理优化。构建闭环式产业链条。通过持续优化供应链管理，构建闭环式的产业链条，是推进循环经济体系和社会建设的关键举措。加强上下游企业之间的合作与协同，共享资源和技术，共同研发和推广新技术、新工艺和新材料，可以显著提升整个行业的竞争力。同时，通过形成闭环式的产业链条，实现资源的最大化利用和废弃物的最小化排放，为产业生态化提供强有力的支撑和保障。

第二节　生态文明相关理论

一、生态文明概念

当前，生态文明研究已成为多个领域的热点议题，尤其是在其定义、内涵及特征的探讨上，学者们从各自的研究视角出发，给出了多样化的解读。例如，有观点认为"生态文明是人类在改造物质世界的过程中，积极改善和优化人与自然、人与人、人与社会关系，建设人类社会生态运行机制和良好生态环境所取得的物质、精神、制度等方面成果的总和"。这不仅是人类实现可持续发展所必需的社会进步状态，更是遵循自然生态系统和社会生态系统运转规律，构建人与自然和谐共生、共存共荣、良性运行、协调发展的社会形态。作为工业文明之后的新型文明形态，生态文明以人与自然、人与人、人与社会的和谐共生、良性循环、全面发展、持续繁荣为基本宗旨，体现了一种全新的文化伦理观念。

从生态文明演进的视角来看，存在形态说和结构说两种不同的理解。形态说认为生态文明是继渔猎文明、农业文明、工业文明之后的一种更高级的文明形态；而结构说则将其视为一种社会经济形态，与农业文明、工业文明相对应。生态文明建设强调认识自然、尊重自然、顺应自然、保护自然、合理利用自然，旨在推动人类社会的全面进步。

总体而言，生态文明是人类充分发挥主观能动性，遵循自然—人—社会复合生态系统运行规律，所建立的人与自然、人与社会、人与自身和谐协调的良性运行态势。它是一种和谐协调、持续全面发展的社会文明形态，是人类创造的物质成果、精神成果和制度成果的总和，代表着 21 世纪社会文明发展的必然趋势。生态文明不仅是社会文明发展的高级阶段，更是人类追求更高层次社会文明的理想和实践。

二、生态文明的缘起

生态文明的兴起，源于对工业文明所带来严重后果的深刻反思。工业文明在创造辉煌成就的同时，也带来了资源枯竭、环境污染、生态破坏等一系列问题，严重威胁着人类的生存和发展。面对这一现实，人类不得不重新审视自身与自然的关系，探索新的发展路径。

改革开放以来，中国经济实现了快速增长，成为世界第二大经济体。然而，这一成就的背后却付出了巨大的资源环境代价。资源短缺、生态恶化、环境污染等问题日益严峻，严重制约了经济社会的可持续发展。面对这一挑战，中国政府从国家执政理念的高度出发，提出了生态文明建设的发展战略。这一战略不仅是对传统发展模式的反思和超越，更是对人类未来发展方向的深刻洞察。

生态文明的提出，符合人类社会发展的历史逻辑和客观规律。从原始文明、农耕文明到工业文明，人类社会的发展经历了不同的阶段和形态。然而，在工业文明阶段，人类面临着经济增长、社会治理和环境可持续等多重危机。为了解决这些危机，人类必须重新审视传统发展观，探索一条生态、可持续的发展道路。生态文明正是在这一背景下应运而生，它代表着人类对未来社会发展的新期待和新追求。

三、生态文明的内涵

基于多重视角，学界对生态文明的概念展开了深入而多元的探讨。尽管这些探讨在理解和界定上存在差异，但总体而言，生态文明被视为文明发展高级阶段的社会形态。它强调在工业化后期或后工业化时代，人类在改造物质世界的同时，应积极主动地优化人与自然、人与人以及人与社会的关系。尊重自然、顺应自然、保护自然是生态文明的核心原则，它倡导通过改善物质、精神与制度等社会财富的创造与分享方式，实现人类生产消费活动与自然的良性循环与和谐共生，进而促进人类的全面协调可持续发展。这是生态文明理念区别于其他社会发展理念最为显著的特征，其实质在于重构自然、经济和社会之间的和谐共生秩序。

从时空嬗变的视角来看，人类社会的发展经历了原始文明、农业文明和工业文明三个阶段。在工业文明时期，机械化大生产方式极大地提升了人类认识和改造自然的能力，创造了前所未有的物质财富。然而，这种进步也伴随着对自然的过度开发和破坏，导致了全球范围内的生态环境危机。生态文明正是在这一背景下应运而生，它以"真、善、美"的人文关怀为指引，警惕工业文明下资本的恶性扩张，呼唤重塑人与社会、国家与国家以及文明与文明之间的共存秩序。生态文明尊重发展公平和正义的权利，为解决全球性和区域性矛盾提供了新路径，为构建人类命运共同体注入了新的自然观、世界观和方法论。

从价值追求的视角审视，自然资源是人类生存和发展的基础条件，它兼具商品、生态和公共产品属性。然而，在工业文明下，资本的增殖和逐利性往往只关注自然资源的商品属性，忽视了其生态和公共产品属性，导致了自然资源的过度开发和生态破坏。生态文明则强调以人民为中心的价值取向，力求在限制和发挥资本逐利原则之间保持合理张力，实现自然资源三种属性的有机统一。生态文明旨在解决工业文明导致的资源耗竭、污染积聚和生态破坏等突出问题，引导人们改变不合理的生产方式和生活方式，创造和运用绿色技术，实现资源节约、环境改善和生态健康，从而逐步消减乃至化解文明与自然的冲突。

从制度构建的视角出发，生态文明建设是调整社会生产关系的过程，需要依托相应的制度架构。基于自然资源在生态文明建设中的基础性地位及其多重属性，可以将生态文明制度分解为经济制度、社会制度和政治制度。生态文明制度旨在从协调人与自然关系的角度出发，重塑整个社会的政治、经济和社会秩序，形成新的制度文明。这一过程中，需要充分考虑一个国家的历史、文化、国情以及基本的经济、社会和政治制度等因素，以确保生态文明制度建设的针对性和有效性。同时，生态文明要求超越资本逻辑的限制，实现自然资源三种属性的有机统一，从"资本至上"转变为"人民为中心"，寻求经济权力、社会权力和政治权力的平衡，变革和重构以"人民为中心"的社会制度。

四、生态文明建设主体

（一）政府在生态文明建设中的角色与转型

生态文明建设是一个涵盖生产、生活和社会各领域的系统工程，其成效直接关系到公民的生命健康、饮食卫生和财产安全。由于人类生活高度依赖生态环境和自然资源，一旦这些基础资源出现恶化或异常，往往会引发民众不满，甚至导致社会秩序的混乱，不利于国家的稳定与发展。尽管古典经济学强调市场机制的自我调节能力，认为个体追求私利能促进经济繁荣，但同时也承认公共物品应由政府来提供，以确保公共利益的最大化。亚当·斯密在其经典著作《国民财富的性质和原因的研究》中明确指出，政府有责任建设和维护公共设施，这些并非为个人或少数人服务，而是关乎社会整体福祉。

在生态文明建设中，生态环境和自然资源具有公共属性，这决定了政府必须扮演关键角色。尽管政府是生态文明建设的核心主体，但传统的单一治理模式已难以适应当前复杂多变的环境挑战。因此，协同治理理论应运而生，它倡导政府应下放部分管理权限，鼓励其他组织和个人参与生态文明建设，共同分担责任。政府在此过程中需发挥协调者的作用，不仅要处理好各治理主体间的关系，还要优化内部机制，确保中央政府与地方政府、地方政府之间以及各部门间的顺畅沟通与协作。值得注意的是，政府与非政府组织在协同治理中地位平等，但政府仍负有引导和调控全局的责任，以确保生态公共利益的最大化。

（二）企业在生态文明建设中的责任与贡献

按照亚当·斯密的观点，人在追求自身利益的同时，会受到市场这只"看不见的手"的引导，从而实现个人与社会整体利益的和谐统一。市场作为最有效的资源配置机制，在解决资源有限与人类需求无限之间的矛盾时，具有不可替代的作用。企业在市场经济中占据核心地位，作为自主经营、自负盈亏的经济实体，它们不仅为社会提供商品和服务，还是推动市场经济发展的重要力量。

随着我国社会主义市场经济体制的逐步完善，企业对生态环境的要求也日益提高。在生态文明建设中，企业不再是被动的接受者，而是积极的参与者。它们在政府的引导下，凭借自身优势和资源，能够助力生态文明建设协同治理的推进。通过整合人力、财力、物力和技术等资源，企业能够提出创新性的治理理念和手段，优化政府组织结构，提升治理效率，最终促进生态文明建设的顺利发展，实现生态公共利益的最大化。在这一过程中，企业不仅履行了社会责任，也为自身的可持续发展奠定了坚实基础。

（三）非政府组织

非政府组织，作为一类不以营利为目的、服务大众为宗旨的组织，它们既不追求个人或团体的私利，也享有合法免税资格及为捐助人提供免税的合法地位。在中国，非政府组织的主体涵盖了在民政部注册的社会团体、民办非企业单位和基金会，同时也包括那些虽不具备法人地位但致力于非营利性、非政府活动的社会组织。此外，中国庞大的事业单位体系，在广义上也可被视为非政府组织的一部分。随着社会主义市场经济在中国的深入发展，个性化需求日益增长，单纯依赖政府和企业已难以满足经济发展的全部需求，非政府组织因此应运而生。

非政府组织与政府和企业存在显著区别。它们对经济现象的敏感度更高，能够迅速响应市场变化，弥补政府在经济调控方面的不足。与企业追求经济利益最大化的目标不同，非政府组织的非营利性质使它们能够避免在生态文明建设中因追求自身利益而损害集体利益的情况。尽管非政府组织在政策治理和经济调节方面可能不如政府和企业，但它们拥有独特的优势，能够与政府和企业相互补充，共同构成一个完善的系统。从治理功能的角度来看，非政府组织无疑是生态文明建设的第三大主体。随着社会的进步和民主思想的普及，社会越来越倾向于让非政府组织参与公共事务，这也符合时代发展的要求。非政府组织广泛涉及社会公共事务，包括生态环境领域，它们的参与能够显著提升生态文明建设的范围和效果。在公共服务与治理层面，非政府组织发挥着政府和市场无法替代的调节作用，对于推动生态文明建设具有重要意义。

（四）公众

良好的生态环境是公众生存和发展的基础，直接关系到他们的权益。空气、水、阳光等生态环境要素是全体国民的共享资源和共同财产，任何个人或团体都无权私自占有、损害或支配。公众有权在良好的生态环境下生存和发展，这包括生态环境的知情权、健康权、参与权、议事权和监督权。在生态文明建设中，公众扮演着至关重要的角色。他们人数众多，如果能够充分调动其积极性，将改变政府单一主导的局面，形成多元共治的"自发秩序"，从而降低制度运行成本。

公众既是生态环境污染的制造者，也是受害者。他们对本地污染情况有着最直观的了解，通过宣传教育增强他们对环境污染的敏感度和认识，可以激发他们在生态文明建设中的监督管理作用。公众是生态文明建设的力量源泉和最终动力，没有他们的参与，生态文明建设将难以为继。作为资源环境的相关利益者，公众天然拥有参与生态环境治理的权利和义务。生态环境污染直接影响公众的生产生活质量，因此他们也是治理生态环境污染的直接受益者。作为消费者，公众的选择和行为对商业活动的环境行为具有重要影响，例如选择购买环境友好型产品，通过市场力量推动企业采取更环保的生产方式。

总之，公众在生态文明建设中应发挥"主人翁"作用，将治理生态环境污染、改善生态环境视为自己的义务和责任。限制公众参与生态文明建设的力度，就等于限制了他们对优美生态环境的追求。因此，必须充分调动广大公众的积极性和主动性，形成全社会共同支持和参与生态文明建设的良好氛围，使生态文明建设成为亿万公众的共同事业和行动。

五、生态文明建设多元主体功能的相互作用机制

生态文明建设多元主体功能的相互作用机制深刻揭示了政府、企业、非政府组织和公众等治理主体在推进生态文明建设过程中的互动关系及其重要性。这一机制至少包含三个层面的内涵：首先，它承认生态文明建设的主体是多元化的，除了政府之外，企业、非政府组织和公众同样是不可或缺的重要力量。其次，这些多元主体的功能在生态文明建设中是相互关联、相互影响的，它们通过功能互补和协同合作，共同推动生态文明建设的进步。这种相互作用旨在促进多元主体之间的理解和合作，以实现生态文明建设的跨越式发展。最后，从现实角度来看，传统的政府单一主体生态文明建设模式已难以满足当前的需求，多元主体的功能互补有助于打破这一局限，提升其他治理主体在生态文明建设中的地位和作用。

为了深入理解生态文明建设多元主体功能相互作用机制的含义，我们需要首先明确"机制"这一概念。机制原指机器的构造和工作原理，后泛指事物之间的有机联系和相互作用方式。在社会科学领域，机制被用来描述如何协调事物的各部分关系，以更好地发挥作用。在生态文明建设的语境下，多元主体功能的相互作用机制通过有效的沟通协商，使政府、企业、非政府组织和公众等治理主体能够协同合作，共同推进生态文明建设。

生态文明建设多元主体功能的相互作用机制由两个主要体系构成。首先是"政府—市场—社会"多元主体功能相互作用而建立的跨界横向权力配置体系，它涵盖了政府、企业和非政府组织等不同领域间的合作与协调。其次是政府系统内部的多元主体功能相互作用而建立的生态文明建设权力配置体系，包括中央政府与地方政府之间的纵向权力配置、地方政府之间的横向权力配置以及政府各部门之间的横向权力配置。这些体系共同构成了生态文明

建设多元主体功能相互作用的基础框架。

根据生态文明建设多元主体功能相互作用机制的实际运转效果，我们可以将其划分为良性互动机制和恶性互动机制两种类型。良性互动机制表现为政府、企业、非政府组织和公众等多元治理主体在生态文明建设中相互支持、相互促进，共同推动生态文明建设的进步。这种机制本质上是多元主体协同治理的具体体现，有助于实现生态文明建设的跨越式发展。相反，恶性互动机制则表现为多元治理主体在生态文明建设中相互制约、相互阻碍，导致生态环境问题难以得到有效解决，阻碍了生态文明建设的进程。这种机制反映了多元主体协同治理的现实困境，需要引起我们的高度重视和深入反思。

六、生态文明建设多元主体协同治理

（一）生态文明建设多元主体协同治理的内涵

协同治理理论，植根于协同学，近年来在公共政策研究领域中崭露头角，成为解决公共危机、区域合作及生态环境保护等复杂治理难题的重要分析框架和工具。联合国治理委员会将其定义为，不同利益主体，包括个人、公共和私人机构，通过正式或非正式的制度安排，化解内部冲突，携手合作，共同推进公共事务治理的过程。该理论强调从系统视角审视经济社会发展，通过管理理念、方式、路径和机制的创新，促进政府、市场主体、非政府组织和公众等多元主体间的功能互补与默契配合，实现资源配置效用最大化和系统整体功能提升。

在生态文明建设的语境下，多元主体协同治理的内涵被赋予了新的意义。它指的是在资源与环境双重约束下，为保障公民环境权益、持续改善生态环境质量，政府、企业、非政府组织和公众等多元主体相互支持、紧密合作，共同推进生态文明建设，致力于建设美丽中国的过程。这一过程是现代市场经济发展与行政民主化趋势的产物，体现了多元主体在生态文明建设中形成的复杂网络关系，追求平等协商、优势互补与合作共治。

生态文明建设多元主体协同治理，作为一种新型政府环境管理模式，标志着从公私对立向公私合作、从垂直等级制向横向网络化、从强制命令向对话协商的转变。它基于协同学和治理理论，主张多元主体在明确权责的基础上，通过相互协商与合作，共同致力于生态文明建设，以实现生态公共利益的最大化。这一过程强调主体的多元性、协同性和有序性，是创新生态文明体制机制、提升建设水平、实现美丽中国梦想的有效途径。

在生态文明建设的协同治理中，政府虽扮演关键角色，但单极治理已难以应对复杂多元的生态环境问题。因此，协同治理需涵盖体制内的府际协同与跨界协同两个方面。府际协同涉及中央政府与地方政府、各级地方政府及其部门间的协作；跨界协同则包括政府与企业、非政府组织、公众等多元主体间的合作。这两方面协同如同汽车的发动机、方向盘与轴承、润滑剂，缺一不可，共同确保生态文明建设多元主体协同治理的平稳运行。在此过程中，各行为主体通过相互协商与合作，整合社会资源，基于共同利益与现有生态文明建设法律制度和生态伦理道德，形成高效的治理联合体，推动生态文明建设有序进行，实现单个主体难以达成的理想结果，最大化满足生态公共利益。

（二）生态文明建设多元主体协同治理的特征

生态文明建设是一个多元主体协同治理的过程，这一过程呈现出主体多元化和网络化的显著特点。首先，生态文明建设主体的多元化是其核心特征之一，政府、企业和非政府组织等多方力量共同参与，形成了合作共赢、共生共存的新型治理模式。在这一模式下，公众不仅能够获取生态环境问题的相关信息，还能参与到生态文明建设的决策过程中，确保了信息的透明度和公众的参与度。政府在此过程中扮演着关键角色，不仅为其他社会主体提供生态环境信息和法律保障，还通过税收激励和绿色信贷等措施，激发企业参与生态文明建设的积极性，推动企业实现生态环境治理的内生化。同时，针对不同类型的生态环境事务，各主体需根据自身特点和优势，明确功能定位，实现最佳组合，以推动生态环境治理的持续改善和生态公共利益的最大化。

其次，生态文明建设多元主体关系的网络化是确保协同治理效果的关键。这种网络化关系表现为各主体之间的协作与依赖，通过政府、企业、非政府组织和公众等多元主体的相互协商与密切合作，共同推动生态文明建设的进程。政府秉持"有限政府"理念，将部分职能转交给市场主体或社会主体，并通过完善法律法规、运用财政税收等手段，调动其他主体参与生态文明建设的积极性。企业则树立绿色生产理念，由被动环保向主动环保转变，遵守生态环境法律法规，接受公众监督，积极参与生态文明建设。非政府组织则发挥其组织性和专业性优势，与政府构建良好合作关系，填补政府在生态环境社会监督方面的缺陷，同时加强环保科技创新，助力企业生产技术转型升级。这种网络化的治理结构打破了传统政府管理两分法的思维方式，促进了政府主体与非政府主体之间的相互依赖和合作关系的形成。

在生态文明建设过程中，政府、市场、非政府组织和公众等多元主体共同构成了协同治理的系统。各子系统各司其职、优势互补，实现了生态文明政府治理、市场治理和社会治理的叠加效应，释放出巨大的治理能量。网络化治理结构的优势在于信息共享和多元主体之间的良性互动，这打破了信息不对称的问题，为公众参与生态文明建设提供了基础条件。同时，对话、协商、透明、信任、责任共担和利益共享等协同行为成为生态文明建设动态过程中的主基调。面对"政府失灵""市场失灵"和"志愿失灵"的现象，生态文明建设的成功与否不仅取决于各参与主体的自身能力，更取决于它们之间的互动关系。因此，构建新的政府、市场和社会主体之间的联系与交往方式，形成充满竞争和活力的生态环境管理体系，对于促进多元主体在生态文明建设中的协同治理，构建"利益共享"的网络协同关系具有重要意义。

第三节　绿色发展推动生态文明

一、绿色发展有效降低资源消耗

从产业组织发展的维度审视，产业持续健康发展的基石在于要素的有效供给与供求关系的和谐平衡。因此，探讨我国绿色产业发展的动因，需从环境、生产要素、供给与需求以及提升国家竞争力等多个层面进行深入剖析。

在探讨绿色产业发展的外部动因时，资源环境的约束是不可忽视的关键因素。传统经济学基于资源稀缺性的基本假设，强调在有限资源条件下实现资源的最优配置与效率提升。对于绿色产业而言，自然资源的稀缺性和不可再生性构成了其发展的主要外部推动力。随着全球自然资源的日益紧张，如何快速降低资源消耗并开发新能源以替代传统能源，已成为各国关注的焦点。同时，环境和生态恢复的长期性与不可逆性，如物种灭绝、水资源枯竭、土壤破坏等，进一步强化了发展绿色产业的紧迫性。这些外部因素共同驱动着绿色产业的快速发展，使之成为未来经济发展的新动力源泉和增长点。

从内部动因来看，生产要素的有效供给是绿色产业从起步到成熟阶段不可或缺的关键力量。我国绿色产业发展的生产要素供给相对充足，主要体现在技术、劳动力和资本三个方面。技术创新是绿色产业的核心驱动力，我国在光伏、新能源、信息技术等领域已取得显著进展，为绿色产业的发展提供了坚实的技术支撑。同时，随着新一轮技术革命的推进，传统产业中的劳动力逐渐转向绿色产业，加之我国高等教育体系对绿色产业人才的培养，为绿色产业提供了充足且高素质的劳动力资源。此外，资本要素在绿色产业发展中也发挥着重要作用，从初期的谨慎投资到后期的热烈追捧，社会资本和国有资本的积极参与为绿色产业提供了稳定的资金支持。

在市场经济条件下，绿色产业的可持续发展还需关注需求侧的动态变化。当前，全球范围内对绿色生活的需求日益增长，这主要得益于人类文明的发展和对生态文明社会的追求。绿色消费逐渐成为社会共识，消费者在购买产品时更加关注产品的绿色属性，如节能、环保、可回收等。这种绿色需求的增长为绿色产业的发展提供了广阔的市场空间。

在开放经济条件下，国家竞争力主要体现在产业竞争上。随着绿色产品和绿色消费的普及，各国纷纷加快绿色产业的发展步伐以获取竞争优势。对于我国而言，发展绿色产业不仅是规避绿色贸易壁垒、提升国家生产力的有效途径，也是获得国际竞争优势的重要支撑。因此，我国必须加快绿色产业的发展步伐，通过技术创新、产业升级和政策支持等手段推动绿色产业的快速发展。

在国家宏观经济发展战略调整和绿色产业政策的支持下，我国传统产业转型升级和绿色产业快速发展取得了显著成果。信息传输、软件和信息技术服务业、生态保护和环境治理业、文化体育娱乐业以及农业等领域的固定资产投资逐年增加，体现了国家对绿色产业的高度重视和持续投入。同时，对生态保护和环境治理产业的投入也在不断加大，彰显了国家"经济发展与环境治理并举"的绿色发展理念。未来，随着全球绿色经济的深入发展，我国绿色产业将迎来更加广阔的发展前景和机遇。

二、绿色发展引领未来发展趋势

近年来，绿色产业在全球范围内取得了显著的发展成就，这主要得益于国家宏观经济政策的积极引导和相关产业政策的鼎力支持。绿色产业不仅为国民经济的持续健康发展注入了新的活力，还成为了新的经济增长点。它不仅带来了可观的经济效益，还产生了广泛的社会效益，彰显了其重要性和发展潜力。

从经济效益的角度来看，绿色产业的持续发展离不开稳定的投入和预期产出。一旦绿色产业中的相关企业开始获得经济效益，就会吸引更多的企业自愿加入这一领域，从而推动整个产业的稳定与可持续发展。尽管现有的统计年鉴中没有单独的绿色产业数据，但高新技术产业在很大程度上符合绿色产业的特点，可以视为绿色产业的重要组成部分。这些高新技术产业的快速发展，不仅促进了技术创新和产业升级，还为绿色产业的整体发展提供了有力支撑。

市场经济作为一种资源配置的制度安排，其核心在于价格机制的有效运作。绿色产业作为市场经济发展的一个新兴领域，其出现和发展引发了广泛的讨论。有人认为绿色产业是市场经济发展的必然阶段，也有人认为它是维持市场经济活力的必要补充。中国这样的发展中大国，如何看待绿色产业在国民经济中的作用，是一个值得深入探讨的问题。

从产业组织的角度来看，市场经济的发展与产业组织的演进是相辅相成的。亚当·斯密在《国富论》中强调了分工对提高劳动生产率的重要性，而分工的深化又促进了产业组织的发展。随着劳动分工的不断扩大，生产企业之间的贸易活动日益频繁，市场经济的范围和边界也随之拓展。同时，为了维护市场秩序和促进产业组织的健康发展，政府的作用变得愈发重要。通过制定法律和完善市场交易制度，政府为市场经济的健康发展提供了有力保障。

在市场经济条件下，新兴产业的不断涌现是市场竞争和技术创新的必然结果。新古典经济学理论认为，专业化生产可以提高劳动生产率和产品产量，从而增强企业的市场竞争力。为了在竞争中脱颖而出，企业会不断寻求技术创新和成本降低的途径。这种竞争不仅推动了产品质量的提升和产量的增加，还催生了新的产业形态。例如，从最初的留声机到如今的数字音乐，这一发展历程不仅带来了音乐产品的革新，还促进了相关产业的蓬勃发展。

绿色产业作为市场经济条件下产业组织发展的必然选择，其重要性日益凸显。在市场经济中，资源的稀缺性是一个重要约束条件。为了优化资源配置和实现可持续发展，绿色产业成为了不可或缺的一部分。虽然市场经济在推动经济增长和改善人们生活方面发挥了巨大作用，但其自身也存在一些缺陷，如"市场失灵"现象。为了应对资源枯竭和环境污染等挑战，绿色产业的发展显得尤为重要。

在技术创新方面，绿色产业得益于市场竞争的推动。企业为了保持市场竞争力，会不断投入研发和创新。这种技术创新不仅提升了传统产业的竞争力，还为新兴产业的诞生提供了可能。例如，在交通工具领域，从马车到新能源汽车的演变，充分体现了技术创新对产业组织变革的推动作用。这些新技术和新产品为绿色产业的发展提供了有力支持。

此外，人类需求的不断增加也为绿色产业的发展提供了广阔的市场空间。随着生活水平的提高，人们对绿色产品、绿色消费和绿色生活的需求日益增长。这种需求的增加促使更多企业投身于绿色产业领域，推动了绿色产业的持续发展。

为了进一步完善绿色产业的发展环境，需要着力构建绿色技术创新制度体系。这包括通过技术创新降低能源消耗、实现清洁生产和循环利用等目标。同时，要协调中央与地方的关系，避免绿色产业的重复建设和产能过剩问题。此外，还要关注国际绿色产业的发展趋势，与国际标准接轨，提升我国绿色产业的国际竞争力。

在推动绿色产业加快发展的过程中，还需要注重节约和能源消费革命。通过提高工业能源利用效率、鼓励企业降本增效等措施，可以加快形成绿色集约化的生产方式。同时，要以供给侧结构性改革为主线，推进结构性节能工作。通过优化产业结构和能源消费结构、加强节能评价和审查等措施，可以严格控制高耗能产业的发展并依法淘汰落后产能。此外，还要积极发展先进制造业和低能耗、低污染的战略性新兴产业以推动制造业的转型升级。

绿色产业的发展是市场经济条件下产业组织演进的必然结果。通过技术创新、市场需求和政策支持等多方面的努力可以推动绿色产业的持续健康发展并为国民经济的稳定增长提供新的动力。

三、绿色发展有效推动产业结构升级

为了加速绿色产业的发展，我们需从多个维度出发，构建一套全面且系统的推进策略。首先，完善清洁生产技术体系是关键一步。这要求我们不仅要关注主要污染物的解决，还要推进绿色基础制造工艺，以降低污染物排放强度。为此，应积极推动大气、水、土壤污染防治行动计划的实施，减少有毒有害原料的使用，并修订国家鼓励的有毒有害物质清单，指导企业在生产过程中优先使用无毒、无害或低毒、低害原料。同时，我们需要在家电、电子、汽车等重点产品中限制使用有毒有害物质，加强汞、铅、剧毒农药等物质的替代工作，以降低环境风险。

在关键领域，如京津冀、长江三角洲、珠江三角洲和东北地区，应组织实施重点项目，以提高钢铁、建材等重点行业的清洁生产水平，减少二氧化硫、氮氧化物等污染物的排放强度。此外，在七大流域，包括长江和黄河，也应实施类似的项目，以降低污水排放总量和化学需氧量、氨氮等污染物的排放强度，特别是在造纸、化工、印染等行业。

推进工业土壤污染源防治同样重要。我们需要推广先进适用的土壤修复技术、设备和产品，并加强节水减排工作。以钢铁、化工、造纸等高用水量行业为重点，实施水务企业节水行动，开展水平衡测试和节水标准制定，大力推进节水技术改造，推广工业节水技术和设备。同时，加强高耗水行业企业生产过程和流程的用水管理，严格执行国家取水定额标准，开展专项节水行动，提高工业用水效率。

为了构建循环利用产业体系，我们应按照资源减量化、资源化的原则，促进企业、园区、产业、区域之间的联动共生和协同利用，提高资源利用效率。这包括大力推进工业固体废物的综合利用，推广一批先进适用的技术和设备，以及深化尾矿、废石、煤矸石等工业固体废物的利用。此外，我们还应进一步推进工业固体废物综合利用基地建设，构建完整的工业固体废物综合利用产业链。

在再生资源领域，我们需要加快高效利用和行业标准化建设。这包括加快推进废钢、有色金属、废纸等重要再生资源的回收利用技术和装备的推广应用，建设一批再生资源产业集群，推动跨区域协调利用再生资源，建立区域再生资源回收利用体系。同时，实施生产者延伸责任制，引导行业秩序逐步规范，培育再生资源行业重点企业。

积极发展再制造产业也是重要一环。我们应围绕传统机电产品、高端装备等重点领域，实施高端、智能化、在役再制造示范项目，建设一批再制造产业示范区。加强再制造技术的研发与推广，引导再制造企业建立覆盖再制造全过程的产品信息管理平台，促进再制造健康、规范发展。

此外，我们还应推动实施回收生产，促进各园区的周期性转型，实现生产流程与多代耦合，提高园区的资源产出率和综合竞争力。同时，推进重点产业低碳转型，制定重大低碳技术推广实施方案，推动先进适用的低碳新技术、新工艺、新设备、新材料的推广应用。

为了充分发挥技术创新在绿色产业发展中的引领作用，我们需要加快绿色技术创新，加强关键共性技术研发，增加绿色科技成果有效供给。这包括加快传统绿色产业关键技术研发，支持绿色制造核心技术研发，以及推动新一代清洁、高效、可循环利用的生产工艺和设备的研发。

在产品开发方面，我们应按照产品生命周期绿色管理理念，大力发展无害、节能、环保、低耗、高可靠性、长寿命、易回收的绿色产品。积极推进绿色产品第三方评估认证，建立各方合作机制，对典型产品进行试点评估。同时，按照绿色工厂建设标准，引导企业进行厂房建设、改造和管理，提高厂区清洁可再生能源利用率，建设光伏电站、储能系统等设施。

在绿色工业园区建设方面，我们应重点发展企业集群、产业生态链和服务平台，优化工业用地布局和结构，提高土地节约集约利用水平。加强水资源循环利用和污水处理与资源利用，促进园区企业之间废弃物资源的交流与利用。

为了构建绿色供应链，我们应以龙头企业为依托，推动上游零部件供应商和下游回收公司在履行环保责任的同时确保产品质量。建立绿色原材料和产品的可追溯性信息系统，支持企业实施绿色战略、绿色标准、绿色管理、绿色生产。

最后，推动绿色产业加快发展还需实施绿色制造"互联网＋"模式，提升绿色智能产业水平。这包括推动互联网与绿色制造一体化发展，提高能源资源环境智能化管理水平，促进生产要素和资源共享。同时，发展大规模个性化定制、网络化协同制造等新模式，减少生产和配送中的资源浪费。利用线上线下融合等方式，促进绿色消费习惯的形成。此外，我们还应创新资源循环利用的方式，发展"互联网＋"回收模式，支持利用物联网和大数据进行信息收集、数据分析和流量监控。

为了构建完善的绿色制造标准体系，我们需围绕绿色产品、绿色工厂、绿色园区、绿色供应链等方面，建立绿色发展行业标准、评价和创新服务体系。加快修订能耗、用水、碳排放、清洁生产等指标体系，提高绿色产业发展的规范性。同时，建立绿色制造评价机制，制定绿色制造评价体系和方法指南，开展试点评估工作。加强绿色评价结果应用，建立和实施相关领导制度，促进绿色消费与绿色制造评价结果的有效衔接。此外，我们还应加快建立基本生态影响数据库和绿色生产基础数据库，提高绿色产品物流信息和供应链协调水平。最后，鼓励企业、高校、科研机构和服务机构共同建设科技创新研发中心和实验室，推动建设一批国家绿色创新示范企业和企业绿色技术中心。

第二章　生态文明建设的多维视角

第一节　区域生态文明建设及其跨区域合作

一、跨区域合作和生态文明建设的基础与延伸

区域，作为地理空间的一种表现形式，其范围可大可小，从整个地球到一个国家或行政区，边界既可能明确也可能模糊，与行政边界时而重合时而分离。在地理学上，区域被视为地球表面的一个地域单元；在政治学中，它则是以国家行政权力覆盖范围为界定的行政管理单位；而在社会学中，区域则是指具有共同信仰、语言和民族特征的人类聚落。区域蕴含了自然生态、环境区位、历史人文、经济政治等多方面的丰富信息，成为人类活动的基本地理单位。

区域经济学，作为经济学与地理学的交叉学科，在地域分工深化、区域经济矛盾加剧、地域间经济不平衡日益明显的背景下应运而生。它主要研究区域发展的特色显现、区位投入产出效能比较、资源合理开发利用与区域生产力布局、区域投融资及区带规划管理、区域间通过贸易、投资、移民等流量的相互作用与影响、特定产业与项目建设的空间结构、动态演化及其问题、土地利用、空间价格和区域均衡等，旨在为区域发展提供决策支持。改革开

放以来，区域经济学在我国资源高效配置与利用方面发挥了重要作用，推动了经济的超常规增长。然而，其对效率的过度追求往往忽视了环境保护，与区域生态文明建设所强调的环境承载力、人与自然和谐、资源开发的公平正义、经济社会的可持续发展以及生态安全、空间美化和国民健康幸福等理念形成鲜明对比。

生态文明是一个宏大的概念，它标志着人类社会对自然关系的深刻反思与超越。从纵向来看，生态文明是对农业社会消极顺应自然和工业社会过度索取自然的双重超越，体现了人与自然关系从肯定到否定再到否定之否定的质的飞跃，标志着社会发展的新阶段。从横向视角审视，生态指的是生物在特定自然环境下生存发展的状态，以及生物间、生物与环境间相互依存、功能互补的有机统一体。生态文明则进一步将人类视为地球生态系统的一部分，强调人与自然的整体性，倡导在尊重生态系统自然运行规律的前提下，协调资源开发与环境保护的关系，实现经济社会生态效益的统一、人口资源环境的均衡。在此基础上，通过科学的国土开发控制，力求生活空间宜居宜业、生产空间集约高效、生态空间山清水秀，为子孙后代留下一个水净天蓝地绿的美好家园，同时给予自然更多的修复空间。

区域生态文明建设的意义在于以下几个方面。

（一）部分汇聚整体：区域生态文明建设是整体生态文明的前提基石

区域生态文明建设通过"部分合成整体"的路径，凸显了各地在生态治理、环境保护、资源节约等领域的独特贡献与责任。这些努力如同涓涓细流，最终汇聚成推动国家乃至全球生态文明建设的磅礴力量。在区域层面，各地根据自身特点与优势，采取精准施策，有效应对水土流失、空气污染、生物多样性下降等生态环境挑战，逐步形成了各具特色的生态文明建设模式。这些模式不仅显著提升了当地居民的生活质量，促进了经济社会的可持续发展，更为其他地区提供了宝贵的经验与启示。同时，区域生态文明建设还促进了跨区域合作，强化了上下游、左右岸及陆海之间的协同治理，为生态系统的整体保护与修复奠定了坚实基础。在实践中，区域生态文明建设秉持"山水林田湖草是生命共同体"的理念，运用系统思维，统筹各类生态要素，通过明确生态环境问题、划定生态保护与修复区域、规划相关工程及建立健全保障措施，有力推动了生态安全稳定与美丽中国建设。因此，区域生态文明建设不仅是整体生态文明不可或缺的一环，更是构建生态友好、经济繁荣、社会和谐人居环境的关键所在，对于实现国家生态文明建设目标、促进人与自然和谐共生具有重要意义。

（二）地域特色鲜明：区域生态文明建设需因地制宜，各有侧重

在经济快速发展，工业化与信息化深度融合、工业化与城镇化并行推进、城镇化与农业现代化相互协调，以及工业化、信息化、绿色化、城镇化、农业现代化同步发展的时代背景下，我国生态文明建设虽步伐不一但方向明确。各地均在努力培育环境友好型产业集群，推动生态工业、生态农业、生态服务业的蓬勃发展；强化环境准入标准，严格控制高耗能、高排放项目，促进企业节能减排降耗低碳，加速经济转型升级；探索构建区域循环型、生态绿色型及智慧持续型的产业体系，以实现社会经济与自然生态的和谐共生与可持续发展；加快环境基础设施建设，逐步推进中小城镇及农村生活污水处理设施与管网建设，将垃圾分类收集转运处置工作延伸至农村；拓宽公众参与环保的渠道与方式，保障民众对生态环境的知情权与参与权；关注重金属污染、危险废物处理及 PM2.5 超标等关乎民众健康的环境问题，积极防范环境风险；开展生态文明细胞工程创建活动，如绿色社区、绿色学校、绿色单位、生态乡镇及星级村居等，以示范引领，循序渐进地推动生态文明建设。

鉴于我国东中西部区域在经济社会发展、资源环境基础及民族风俗文化等方面存在显著差异，区域生态文明建设的重点、特色与模式自然各不相同。部分地区侧重于技术创新、污染控制与环境治理，部分地区则注重生态旅游开发、都市农业与农家乐经营，还有地区强调资源保护、湖泊休养生息或防沙治沙、防治荒漠化等。唯有将建设与保护、理论与实践、发展与治理紧密

结合，方能形成健康可持续的经济运行模式。

（三）整治农村环境，区域生态文明建设必须向农村延伸

在中国，农村地区以其庞大的人口基数和广袤的地域范围，成为国家整体发展中不可或缺的一环。特别是在城乡关系的框架下，农村区域的生态文明建设显得尤为重要，这不仅是国家经济持续健康发展的基石，也是构建和谐社会、提升全民生活质量的关键所在。

1. 促进农民增收，缩小城乡收入差距

"中国要富，农民必须富"这一理念深刻揭示了农民富裕对于国家繁荣的重要性。为实现这一目标，需从两个维度入手：一是深挖农业内部潜力，通过技术革新和管理优化提升农业生产效率，从而增加农民收入；二是拓展农村外部增收途径，如发展乡村旅游、农产品深加工等非农产业，推动农村经济多元化发展，为农民创造更多就业机会和收入来源，逐步缩小城乡居民收入差距。

2. 建设美丽乡村，推进农村环境改善

"中国要美，农村必须美"不仅是对农村自然景观的赞美，更是对农村生态环境质量的高要求。因此，推进社会主义新农村建设，不仅要完善农村基础设施，改善农民生活环境，更要通过实施有效的生态保护措施，如治理水土流失、开展植树造林等，恢复和保护农村自然生态，让农村成为农民宜居宜业的美丽家园。

3. 实施乡村振兴战略，推动农村高质量发展

乡村振兴战略是对"美丽乡村建设"和"新农村建设"理念的深化与拓展，旨在促进农村生态环境资源的有效利用，实现农村可持续发展，并推动农业发展方式转型升级。具体而言，应根据各乡村独特的自然资源、地理条件、历史文化及民俗传统，制定差异化的发展规划，避免"千村一面"的现象。同时，优化农村空间布局，确保城乡建设、居民生活、生态保护、农业生产和产业集聚等方面协调发展，将农村打造成为既宜居又宜业的理想之地，实现农村的高质量发展。

二、非均衡发展和区域生态嬗变的契合与互动

马克思主义唯物辩证法深刻揭示了自然界与人类社会的内在规律,强调静止与变化、平衡与不平衡的辩证关系。非均衡发展作为区域经济学研究的核心议题之一,普遍存在于各国经济发展进程中。西方非均衡发展理论主要包括增长极理论、循环积累因果原理、不平衡增长理论、区域经济倒"U"形理论以及区域经济梯度推移理论。这些理论从不同角度阐述了经济发展中的不均衡现象及其动态变化过程。

增长极理论认为,经济发展通常起源于一个或数个"增长中心",这些中心通过多种渠道逐步影响其他部门和地区,最终对整个经济体系产生深远影响。循环积累因果原理则揭示了经济"扩散效应"与"回波效应"的对立统一,前者促进区域经济协同发展,后者则可能加剧区域间的不平衡。不平衡增长理论强调,由于投入产出效果的差异,国家应优先支持重点地区和战略产业的发展,以提高资源配置效率。区域经济倒"U"形理论则指出,区域差异随经济发展阶段呈现先扩大后缩小的趋势。而区域经济梯度推移理论则描述了产业和技术随时间从高梯度区向低梯度区的扩散与转移过程。

尽管这些理论在解决问题、实践效果、关注重点及现实影响力上各有差异,但它们对非均衡发展的普遍性、规律性,以及中心区对周边地区的扩散效应与自身发展的加速作用等方面有着共识。同时,这些理论也认识到,在微观制度调节无法有效解决区域矛盾时,可以通过产业保留或迁徙等方式进行缓解。然而,这些理论主要聚焦于经济发展,对于环境要素的考虑相对有限,主要关注与产品、利润相关的资源及与产业集群、交通运输相关的地理区位,而较少涉及环境对经济发展的全面影响。

三、工业化困境和区域生态环境的退化与保护

(一)产业转移不等于降低环境标准

在全球化日益加深的当下,构建开放型现代经济体系对于促进资源自由

流动和高效配置至关重要。这一体系不仅加速了地区间经济发展的融合，还通过推动产业升级和产业转移，特别是向中西部地区的转移，有效缓解了工业生产与能源、原材料产地分离的问题，同时也减轻了沿海地区因产业过度集中而承受的环境压力，为这些地区的新兴产业发展提供了空间。然而，在推进这一进程时，如何平衡经济发展与生态环境保护成为了一个亟待解决的重大课题。

1. 坚持高标准原则，促进绿色产业转移

在产业转移的过程中，承接地政府应摒弃过去单纯依赖低成本吸引投资的旧模式，转而采用更为严格的市场准入标准，包括技术含量、自主创新能力、单位产出能耗等，以筛选出真正具备竞争力和环保意识的优质企业。此举不仅能提升当地产业结构的质量，还能有效防止"污染天堂"现象的发生，即避免高污染、高能耗的企业因追求低成本环保监管而迁入，从而保护当地环境免受破坏。

2. 科学规划，促进可持续发展

对于中西部特别是生态脆弱、社会经济基础相对薄弱的地区而言，产业转移不仅是经济增长的机遇，更是优化发展模式、改善城市与产业布局、强化生态风险管理的契机。地方政府在制定产业转移相关政策时，应具备长远眼光，充分考虑地区自然环境承载力、社会经济条件等因素，进行科学合理的城镇建设和产业布局规划。通过发展循环经济、绿色能源等新兴产业，减少对传统重工业的依赖，实现经济发展与环境保护的双赢。

3. 强化生态安全意识，保障环境健康

在推动产业转移的同时，必须牢固树立生态安全意识，建立健全环境影响评估机制，确保每个迁入项目都经过严格的环保审查。同时，加强对现有企业的监管，督促其采取有效措施减少污染物排放，提高资源利用效率。此外，应加大对环境治理和生态修复项目的投入，积极恢复受损生态系统，为人民群众创造一个健康、宜居的生活环境。通过这些措施，我们可以在推动产业转移的同时，确保生态环境的持续保护和改善。

（二）工业化阶段不可跨越不等于各地都要工业化

在探讨国家现代化进程的广阔画卷中，工业化常被视作一条必经之路。诚然，一个国家的全面现代化离不开各领域工业化的蓬勃发展，它如同强大的引擎，推动着经济社会不断前行。然而，若将现代化的内涵仅仅局限于工业化，则无疑是对这一复杂过程的片面解读。现代化，这一涵盖科技、教育、文化、社会管理等多维度的综合提升，其深度与广度远非单纯的工业化所能涵盖。因此，尽管工业化是实现现代化的关键一环，但我们亦应清醒地认识到，现代化绝非工业化的简单等同，更不意味着每个角落都需被工厂的烟囱所点缀。

1. 工业化的多元路径探索

在我国，一些发达地区凭借工业化的强劲动力，成功推动了城市化进程，为其他地区树立了典范。然而，值得注意的是，这一模式并不具备普遍适用性。每个地方都拥有其独一无二的自然资源、深厚的人文环境以及复杂的社会条件，这些因素共同构成了各地选择发展道路时必须考量的基础。因此，在探索现代化路径时，我们应紧密结合本地实际，挖掘并弘扬本地特色。例如，对于那些生态敏感或文化旅游资源丰富的地区，发展绿色经济、生态旅游等产业或许更为贴切，而非盲目跟风，一味追求工业化。

2. 警惕"为了工业化而工业化"的误区

在工业化的大潮中，我们必须保持警醒，避免陷入一种盲目追求工业产值和经济增长速度的误区。这种忽视实际条件、片面追求短期效益的做法，不仅可能导致资源的极大浪费和环境的严重破坏，还可能进一步加剧地区间的发展不平衡。正确的做法应当是基于各地的实际情况，科学规划产业发展方向，将质量和效益的提升置于首位。通过发展高新技术产业、服务业等附加值高的行业，我们可以为经济发展注入更为持久和可持续的动力。

3. 多样化发展模式的探索与实践

随着经济社会的不断进步，人们对美好生活的向往日益强烈。这要求我们在推动工业化的同时，更加注重环境保护和社会福祉的提升。不同地区可以充分发挥自身的独特优势，探索多样化的现代化发展模式。东部沿海地区可以继续巩固和拓展制造业优势，同时大力发展现代服务业，实现产业升级与转型；中西部地区则可以依托丰富的自然资源，发展生态农业、清洁能源等绿色产业，走出一条符合自身特点的发展道路；而边疆地区则可以充分利用其独特的文化和旅游资源，发展文化旅游业，为经济社会发展注入新的活力。

（三）农业现代化不等于农村工业化

20 世纪 80 年代，中国农村曾掀起一股"村村点火，家家冒烟"的工业化热潮，短期内虽促进了经济增长，但长期来看却暴露了其弊端：耕地占用、资源低效利用及环境污染严重，严重制约了农村可持续发展。这促使我们认识到，农业现代化并不等同于农村工业化，而是需要探索一条符合农村实际的发展道路。

从国际经验来看，无论是地广人稀的美国和加拿大，还是人多地少的英国和日本，都保持了工业与农业的明确分工。工业多集中于特定区域，而农村则专注于农牧业，这种分工既促进了资源的合理配置，也保护了农村生态环境，实现了农业的可持续发展。这些国际经验为我国提供了宝贵启示：农业现代化的核心在于提升农业生产效率与质量，而非盲目追求工业化的速度与规模。

我国拥有丰富的乡镇企业基础，尤其是在一些发达地区，工业乡镇和工业村的发展尤为显著。然而，随着发展理念的转变，这些地区开始反思盲目跟风发展工业的模式，转而探索适合自身特点的发展路径。他们注重农业现代化的同时，也加强了农村生态环境保护。通过引入先进农业技术和管理方法，提高农产品附加值；推广节水灌溉、有机种植等环保技术，减少化肥和农药使用，保护土壤和水源；发展乡村旅游、农家乐等休闲农业，增加农民收入；利用自然资源发展特色农产品加工业，提升农产品价值；同时，推动农村电商、物流等现代服务业发展，促进农村经济多元化。

我们的最终目标是构建一个和谐共生的农村生态体系，这要求我们在农业现代化过程中注重环境保护，同时在社会管理和文化建设等方面协同努力。通过综合施策，实现经济、社会、环境的协调发展，推动农村走向可持续发展之路。农业现代化应在保护生态环境的基础上，通过科学规划和创新发展模式，实现农村经济的多元化和高质量发展。

四、可持续发展和区域生态建设的政策与前景

（一）以国家全局为基点的战略性统筹

区域生态文明建设并非意味着各自为政、各行其是，而是需要国家从整体上进行战略统筹与科学规划。在这一过程中，我们需要从多个维度出发，共同推进生态文明建设的深入发展。

首先，统一认知是生态文明建设的基石。我们需要明确，中国环境状况的恶化与民众环保意识不强、企业社会责任减弱、经济发展过快以及政府监管缺失等多重因素有关。因此，政府作为公权力的代表，必须发挥主导作用，地方政府和地方官员需树立正确的政绩观和科学发展观，承担起保护一方水土平安的责任。这既是对本地百姓生命财产安全的负责，也是对其他地域和国家整体生态文明建设的重要贡献。节能减排、防止环境污染的"涟漪反应"和生态危机的"流溢"与"脱域"，都需要我们时刻警惕，并采取有效措施加以应对。

其次，利益协调是生态文明建设的关键。政府间存在的潜在竞争性和地方利益关系，有时会使政府产生争夺资源、转嫁成本、敷衍塞责的冲动。因此，在生态文明建设过程中，我们需要建立有效的利益协调机制。在上下级关系中，可以通过协商替代命令，解决"条条"间的矛盾；在平行关系中，可以通过"论坛规则"替代无序竞争，解决"块块"间的矛盾。跨区域生态文明建设中的"府际关系"虽然难以避免博弈，但我们必须树立全局意识和

整体观念，以实现多赢的结果。

再者，生态补偿是生态文明建设的重要手段。我们需要通过经济手段来调节利益相关者之间的关系，以达到提高环境质量、恢复生态功能、可持续地利用生态系统服务的目的。广义的生态补偿包括由生态系统服务受益者向提供者支付补助，以及由生态环境破坏者向受害者实施赔偿两个方面。由于自然界中区域外部作用主要通过大气和水的运动实现，因此生态补偿的形式必须多样化，以避免僵化和固化。除了国家财政转移支付和环境治理的统一支付外，地方政府之间还可以采用购买生态产品和生态服务的方式进行补偿。同时，企业主体和非政府组织也可以通过污水排放权、碳排放权市场交易等方式参与生态补偿。

最后，完善制度是生态文明建设的保障。近年来，我国在生态省、生态市县、生态乡（镇）村等层面的创建评定，以及循环经济试点、低碳城市试点、可持续发展试验区等实践中，进行了有效的探索、推广和示范。然而，这种激励创建也存在忽视区域生态文明建设差异性、过程性和创新性的倾向。因此，我们需要根据不同区域的差异性和特殊性，制定各具特色、各有侧重的评价指标和标准。同时，我们也应鼓励不同区域在生态文明建设中进行创新实践，以避免制度供给同质化、模式化以及生态绩效评估机械化、指标化的问题。只有这样，我们才能对不同区域的实际成果做出客观公正的评价，推动我国区域生态文明建设的持续健康发展。

（二）以省域区划为基准的责任制联动

在中国，可持续发展与区域生态建设作为国家长期战略的重要组成部分，得益于以省域区划为基准的责任制联动机制的有效推进。该机制在国家顶层设计的引领下，要求各省根据自身资源环境特性和社会经济发展实际，制定并执行具有针对性的生态保护和修复计划。同时，构建省、市、县三级政府间的协调合作体系，确保政策精准落地。例如，在水资源管理领域，各地政府需严格执行国家水污染防治规定，并探索符合本地特色的水资源循环利用模式；在森林保护方面，则要加强非法砍伐的打击力度，推广植树造林，提升森林覆盖率。

此外，通过设立生态补偿机制，激励上游地区为下游提供清洁水源并获得经济回报，促进了流域内利益相关方的合作共赢。这种基于省域区划的责任制联动模式，不仅有效应对了跨区域环境污染问题，还推动了地方经济结构的优化升级，实现了生态保护与经济社会发展的良性互动，为美丽中国建设奠定了坚实基础。随着技术进步和社会参与度的提升，未来这一机制将进一步完善，为中国乃至全球的可持续发展作出更大贡献。

（三）以流域范围为基本的跨区域合作

在中国，以流域为基本单位的跨区域合作已成为推动可持续发展和区域生态建设的重要途径。通过打破行政壁垒，实现上下游、左右岸的协同治理，旨在解决水污染、水资源短缺等环境问题，促进生态平衡与社会经济的和谐发展。国家层面已出台《中华人民共和国长江保护法》和《黄河流域生态保护和高质量发展规划纲要》等法律法规，为跨区域合作提供了坚实的法律支撑和政策指导。在实践中，各地积极探索建立联合管理机构，如流域管理委员会，负责统筹规划和协调行动，确保生态保护措施的有效实施。

同时，构建信息共享平台，实现水质监测数据、水量调度等信息的透明化，提高了决策效率和公众参与度。生态补偿机制的引入，为上游地区因生态保护而遭受的经济损失提供了合理补偿，激发了地方的积极性。此外，通过广泛动员社会力量参与，加强教育宣传，提高了公民的环保意识，形成了政府主导、多方参与的良好局面。随着技术进步和管理经验的积累，跨区域合作机制将不断完善，为实现流域乃至全国的可持续发展目标提供有力支持，助力美丽中国建设，为全球环境治理贡献中国智慧和方案。

（四）以经济区块为基础的整体性平衡

以经济区块为基础的整体性平衡策略，是推动可持续发展和区域生态建设的关键路径。这一策略的核心在于优化资源配置，通过一系列具体措施，旨在促进不同地区之间的协调发展，实现经济增长与环境保护的双赢局面。

首先，构建绿色产业体系是重中之重。我们鼓励发展循环经济、清洁能源等新兴产业，以替代传统的高能耗、高污染行业。通过政策引导和资金扶持，推动这些绿色产业的快速发展，不仅有助于减少环境污染，还能促进经济结构的优化升级。

其次，优化空间布局同样至关重要。我们需要科学规划城市功能区和生态保护区，确保生产、生活、生态空间得到合理分布。通过合理划分区域功能，避免过度开发和无序扩张，从而保护生态环境，提升城市品质和居民生活质量。

此外，加强基础设施互联互通也是不可或缺的一环。我们致力于提高交通、能源、信息等领域的协同效应，降低物流成本，促进资源高效流动。这不仅有助于提升区域经济的整体竞争力，还能为可持续发展提供坚实的支撑。

在建立健全生态补偿机制方面，我们遵循"谁污染谁治理、谁获益谁补偿"的原则。通过财政转移支付等方式，对承担生态保护责任的地区给予适当支持，平衡区域间的利益关系。这一机制有助于激发地方保护生态环境的积极性，促进区域间的协调发展。

同时，我们还注重提升社会治理能力。通过法治化、市场化手段，引导企业和个人自觉遵守环保法规，积极参与生态保护活动。加强环保教育和宣传，提高公众的环保意识，形成全社会共同参与生态保护的良好氛围。

在生态补偿的实践案例中，沿海经济发达地区为了获得上游地区的清洁水源，每年支付一定的建设资金，为上游地区建立生态涵养区提供资金支持。这种生态补偿形式不仅有助于保护水源地生态环境，还能促进区域间的经济合作与发展。在联合国国际气候变化框架条约中，发达地区也承担了更多的义务，为发展中国家提供植树造林等生态建设项目或清洁生产技术和资金，这也是生态补偿措施的重要组成部分。

我国的生态文明是建立在工业化基础之上的新型文明形式。我们致力于消除传统工业化的弊端，推动非线性的多元发展。生态文明建设需要以制度创新为保证、以技术创新为手段、以政府善治为前提、以生态公民为主体、以和谐发展为目标。在区域生态文明建设方面，我们提出了"全国性视野和区域性治理"相结合的理念。根据各地工业化程度的不同，我们或更多地依靠"体制外"市场力量，或更多地依靠"体制内"政府力量实施差序调控。在整合地域差异中谋求空间拓展，在区域合作中实现协调发展。

最后，我们需要深入探讨非均衡工业化格局下的区域生态文明建设的必要性和可行性。只有承认区域经济社会发展既存差异的客观性与合理性，提出生态文明衡量标准的统一性和非统一性的结合，才能充分发挥中央和地方两个积极性，使生态文明建设更具针对性和可操作性。通过这一系列的措施和实践，我们将为全国的可持续发展目标奠定坚实的基础，推动经济社会与生态环境的和谐共生。

第二节　乡村环境传播与农村生态文明建设

一、乡村环境传播的生态效应与文明促进

（一）传播形式多样，组织传播效能十分强大

信息传播在中国乡村环境传播中涵盖了组织传播、大众传播、小众传播和人际传播等多种方式，这些方式并存且各具特点。首先，组织传播与大众传播展现出强强联合的态势。中国的行政体制为网格状，政府信息能迅速通过政府机关报、电视台、政府网站等渠道，结合各级政府的行政活动，实现广泛而高效的传播。由于大众传媒多具有政府背景，实际上成为组织传播的重要工具，两者高度重合。其次，小众传播与人际传播在农村环境中相互渗透。小众传播针对特定受众提供专门信息，如涉农杂志、农业频道等，而人际传播则通过宣传栏、标语、远程教育课程等形式，传递实用环境知识，提

升农民的生态文明素质。这四种传播方式各有特点，组织传播信号强烈，能有效推动政府战略部署；大众传播借助新媒体实现双向互动，深化受众环境认知；小众传播和人际传播则针对性强，易引发相互模仿。然而，也需注意反向环境传播可能带来的负面影响，对大众传播的误导和小众、人际传播的消极面需加以约束和规范。

（二）受众多重分化，不同群体呈现显著差异

环境传播致力于信息的广泛传播，期望受众能充分接纳其观点与理念，进而引导个体行为，促进每个人自觉参与环境保护、共同构建资源节约型和环境友好型社会、推进生态文明建设。在当前社会，发达地区的农村居民已呈现出与城市居民相似的分化特征，他们大致可以分为以下四类：

第一类为环境管理者，主要包括乡镇干部、大学生村官以及村干部。这些人员不仅关注乡村经济社会发展的全局，更在环境传播中扮演着重要角色。他们重视战略方针、政策计划以及措施落实等方面的信息传播，是农村生态文明建设的指挥者与领导者。其中，乡镇干部多为下派，虽居住在城市，但工作重心在乡村；大学生村官则既有来自城市的，也有来自农村的，但他们都接受了高等教育；村干部则可能由企业家或乡村能人担任。

第二类为农业生产者，他们通过粮食生产功能区和现代农业园区的建设，推动农业的转型升级，形成了多种产业化经营机制，经济效益显著提升。这些农业生产者对环境传播中涉及的农业循环经济、投入产出、科学种田以及农产品开发等方面尤为关注，他们是农村生态文明建设的带头人。

第三类为乡村知识分子，他们主要由工作生活在乡村的大学生、医生、教师、农技人员、兽医以及乡村文化站、图书馆工作人员等组成。这些知识分子注重环境传播中专业知识和相关技能的学习与运用，他们具有强烈的环境保护使命感，是社会主义新农村建设的宝贵人才资源，同时也是农村生态文明思想的传播者与践行者。

第四类则为一般乡村居民，他们大多是老人、妇女和孩子。这部分人群

没有特殊的环境信息需求，但他们本能地向往生活在山清水秀、清洁整齐的环境中。因此，他们是农村生态文明建设的直接受益者。

（三）工作纷繁复杂，需统分结合以实现有序推进

农村生态文明是一个涵盖物质、精神、文化、制度等多方面成果的综合性文明成果。它体现了农民在农业生产、经营以及生活中，主动、积极地改善和优化农村内部及农村与外部自然、城市、社会关系的努力。这些努力共同构成了农村生态文明的系统性、持续性和目的性。

在农村地区，生态文明建设与社会主义新农村建设、美丽乡村建设以及乡村振兴战略紧密相连。它强调将山水林田湖草视为一个有机系统，注重城乡一体化统筹发展，防止城市污染向农村转移。同时，它也关注村容村貌的整洁、农民饮用水安全、农村垃圾粪便的无害化处理等方面。此外，合理的田间管理、科学种田、减少化肥和农药的使用、发展农业循环经济以及秸秆还田等也是农村生态文明建设的重要内容。当然，养护森林、保护自然资源、减少以开发为名的破坏以及倡导绿色消费和绿色出行等也是不可或缺的。

农村生态文明建设的任务既具体又艰巨，工作细碎且庞杂。现阶段的乡村环境传播往往需要根据不同地区的实际情况进行有针对性地传播。组织传播背后的不同政府部门也有各自的工作要求。例如，各级党委政府的农业和农村工作领导小组办公室需要贯彻落实中央和省委、省政府的农业和农村工作方针政策，实施和统筹城乡发展方略，全面推进新农村和美丽乡村建设。这些工作包括扶贫开发、村庄整治、农村工作指导、农家乐休闲旅游以及新型农村合作经济发展等多个方面。

乡村环境传播的目的并非传播本身，而是希望通过信息传播带来乡村生态状况和美丽乡村建设方面的积极变化。生态文明建设包含生态平衡、污染防治以及自然环境等方面的丰富内容，这决定了乡村环境传播的知识性。同时，生态文明建设与乡村社会每个成员的切身利益密切相关，这决定了乡村环境传播的关注性。此外，生态文明建设是公民参与性较强的领域，需要广

泛的社会动员，这决定了乡村环境传播的公共性。乡村环境传播在启民智、集民慧、护民身以及导民行等方面发挥着重要作用。它传递顺应自然、尊重自然以及保护自然的生态文明理念，推进循环发展、绿色发展以及低碳发展的科学发展模式。通过这些努力，乡村环境传播旨在形成人口均衡、资源节约以及环境友好的天人和谐社会，从而改变传统的思想方式、生产方式以及生活方式，为保护环境、生态安全以及建设社会主义新农村作出积极贡献。

二、乡村环境传播的模式变革和提升策略

乡村环境传播随着民众的生态理念和传播载体的发展而不断发展，它承载着各个地域、各个时期人们与自然关系的变化，包含着生态文明建设过程中自然对人类的启示和教育，调整着人类对环境影响的认知和行为，在媒体进步日新月异的当今社会，呼唤着乡村环境传播模式的变革和策略的提升。

（一）正视矛盾本质，培育理性受众

信息传播是一个复杂而动态的过程，它涉及传播者、传播媒体和接受者三个核心主体。在传统媒体时代，信息传播呈现出一种单向的、线性的特征，传播者是信息的源头，接受者是信息的终端，信息通过特定的渠道发布出去后，传播过程就基本结束了。即便接受者提供了反馈，媒体也可能选择忽视，或者反馈的反应时间会被拉长。然而，随着新媒体的崛起，这一传统的信息传播模式发生了深刻的变革。

新媒体的介入打破了传播者、传播媒体和接受者之间稳定的顺序和格局。在新媒体环境下，传播者和接受者的角色变得模糊，甚至经常互换位置。信息传播从单向变为多向，形成了"传播者—（信息）—接受者"和"接受者—（反馈）—传播者"两种并行的模式。这种变化使得反馈变得更加迅速和直接，信息传播的效率和质量都得到了显著提升。

环境传播作为信息传播的一个重要领域，具有其独特的专业性和特殊性。它与现代科技紧密相连，尤其是在现代农业领域。传统农业依赖于自然条件，而现代农业则广泛应用了各种先进的科技手段，如滴灌、喷灌等农业水利设施，收割机、插秧机等农用机械，以及人工育种、温室大棚、无土栽培等农业技术。这些技术的普及使得农业生产更加高效、集约和市场化。然而，乡村环境传播过程实际上也成为了现代农业科技教育普及的过程，它要求传播者具备丰富的农业科技知识，以便准确、有效地向农民传递信息。

同时，世界各地的农业和农村都具有明显的地域差异性。中国作为一个地域辽阔的国家，共跨了 8 个温度带，各地的温度条件、农作物种类及熟制都存在很大的差别。这种地域差异性使得乡村环境传播更加复杂和多样。因此，在进行乡村环境传播时，必须充分考虑各地的实际情况，制定针对性的传播策略。

然而，在现阶段，我们尚未达到生态文明的高度。相反，一些从工业和技术发展中获得的文明成果往往被视为反自然、反生态的。例如，转基因食品以及化肥和农药在农业中的广泛使用等，都引发了广泛的争议和关注。这些争议和关注也反映在了乡村环境传播中。

因此，在开放时代，乡村环境传播面临着新的挑战和机遇。我们需要在提高农民对信息的选择、理解、认识、质疑、利用、评估、创造上下功夫，帮助他们更好地掌握农业科技知识，提高生产效率和产品质量。同时，我们还需要在公平、民主、平等的社会环境中准确、健康、和谐地传播信息，让受众能够理性、智慧、及时地接收信息。只有这样，我们才能推动乡村环境传播的持续发展，为农业生产和农村社会的进步提供有力的支持。

（二）发挥各方优势，促进媒体融合

近年来，随着网络技术和新兴媒体的蓬勃发展，以及"村村通"工程的深入实施和城乡一体化进程的加速推进，乡村环境传播模式经历了前所未有的变革，为生态文明建设的思想理念、新兴农业栽培技术、生态农业产业化及农业循环经济的传播开辟了广阔的空间和无限的可能。然而，在信息爆炸的时代背景下，生态文明建设需要从多角度、多方位进行全面而深入地推进。为此，乡村环境传播需在以下三个方面实现显著提升。

首先，整合媒体资源，构建立体多效的媒体融合体系。在城乡一体化强力推进的当下，农村已不再是环境信息的洼地，农民也不再是封闭落后的"井底之蛙"。媒体资源的日渐丰富为乡村环境传播提供了更多元化的渠道和方式。因此，应充分利用传统媒体和新媒体的各自优势，实现二者的有机结合，使环境知识学习与农民的日常生活紧密相连。例如，在乡村图书馆增设环保内容的书刊，通过多接触、多阅读来加深村民对生态文明建设的认知和印象。

其次，改进传播技巧，提升环境传播的针对性和实效性。社会传统、生活习俗和心理机制等因素往往保护受众免受大众传播的直接影响，从而降低传播的整体效果。为了最大化传播的效能，环境传播需要与其他沟通模式互为补充，并在信息传播过程中更好地体现价值、信念和感知。拉扎斯菲尔德的两级传播假设为我们提供了有益的启示：在信息爆炸的今天，"意见领袖"在传达信息方面的作用虽在弱化，但在引导、指挥和控制信息方面的作用却日益增强。因此，环境传播应充分利用这一特点，通过"意见领袖"的引领和示范作用，推动生态文明建设的理念深入人心。同时，要注重受众在接受新信息、新理念过程中的认知、说服、决策、使用和行动等阶段，将大众传播与人际传播等多种方式并用，以实现信息化为有效的行动。

最后，精选传播内容，提高环境传播的针对性和吸引力。议程设置在环境传播中同样扮演着重要角色。通过对各种议题进行重要性排序，传媒议程、公众议程和政策议程共同构成了议程设置的框架。媒体作为"大事"来报道的问题，往往也是公众意识中的"大事"。因此，环境传播应重视议程设置的作用，找到受众的兴趣点，精选知识点，刺激兴奋点。通过提供有针对性和吸引力的传播内容，引导公众关注生态文明建设的重要议题，推动生态文明建设从量变到质变的飞跃。

乡村环境传播在整合媒体资源、改进传播技巧和精选传播内容等方面的提升，将为生态文明建设的深入推进提供有力支撑。

（三）拂除表层幻相，找准问题关键

中国作为一个历史悠久的农业大国，农民世代遵循着"靠山吃山，靠水吃水"的生存智慧，深谙与自然和谐共生之道。他们不仅是土地的耕耘者，更是智慧的生物学家，擅长利用各种可降解物质培育肥沃的土壤，维持着"人—土壤—农业"这一有机循环的生态平衡，将自己融入"人—土—粮—人"的自然循环之中。中国传统农业以其用养结合、精耕细作的特点著称，农民们依据作物生长规律，巧妙运用间作、套种和复种等多熟制度，不仅高效利用了时间和空间资源，还通过合理轮作保持了地力，改善了农田生态环境。无论是拥有 7 000 年历史的桑蚕种养传统，还是 6 400 年的稻作农业史，都承载着中国农业文明的深厚底蕴，展现了小农家庭式经营的独特魅力，既有利于生态环保，又保障了食品安全，还促进了社会稳定，具有显著的环境维护、食品安全和社会稳定三大正面外部效应。

然而，在信息技术飞速发展的今天，乡村环境信息传播虽然获得了新的渠道和机遇，但也面临着信息过载和形式主义等挑战。许多农民在海量信息面前感到无所适从，难以筛选出对农业生产真正有益的知识；同时，一些环境教育活动过于追求形式，忽视了内容的实用性和深度，导致传播效果不佳。为了有效应对这些问题，我们需要采取一系列措施。

（1）增强信息的可及性和易理解性，开发适合农民需求的信息产品和服务，如制作简洁明了的图文资料和短视频，并通过微信、抖音等社交平台广泛传播；

（2）确保信息内容的真实性和实用性，使每一条信息都能直接服务于农业生产实践，避免空洞无物地说教；

（3）构建多元化的传播网络，除了政府主导的官方渠道外，还应积极引入民间组织、农业合作社等社会力量，形成传播合力；

（4）建立健全反馈机制，定期收集农民的意见和建议，及时调整传播策略，确保信息传播效果的最大化。通过这些努力，我们可以有效提升农民对环境保护的认识水平，促进乡村生态环境的持续改善，为乡村振兴战略的成功实施奠定坚实基础。

三、乡村环境传播与美丽乡村建设的互动

（一）保护和提升乡村建筑品格，传承乡土文化精髓

在乡村环境传播与美丽乡村建设的深度融合中，保护和提升乡村建筑品格无疑占据了举足轻重的地位。乡村建筑，作为乡村文化的生动载体，不仅镌刻着丰富的历史记忆，彰显着独特的地域特色，更是乡村风貌与生态环境的直观展现。因此，在美丽乡村建设的宏伟蓝图下，加强对乡村建筑的保护与提升，不仅是对乡村文化的深情致敬与传承，更是对乡村生态环境的有力改善与乡村经济可持续发展的积极推动。

具体而言，保护和提升乡村建筑品格需从多维度入手。一方面，我们应高度重视对乡村传统建筑的保护与修缮工作。通过科学合理地规划与设计，精心保留乡村建筑的原始风貌与历史文化价值，同时巧妙融入环保、节能的建筑材料与技术，使乡村建筑在保留传统韵味的同时，焕发出现代生活的实用性与舒适度。另一方面，我们需积极引导乡村居民树立环保意识，倡导绿色生活方式。通过减少建筑活动对乡村生态环境的破坏，推动乡村建筑与自然环境的和谐共生，让乡村建筑成为乡村生态文明建设的亮丽名片。

此外，加强乡村环境传播同样至关重要。我们应充分利用各种媒介与平台，广泛宣传乡村建筑保护的重要性与成果，提升公众对乡村建筑和生态环境的认识与关注。通过政府、企业和社会组织等各方力量的紧密协作与共同努力，形成全社会共同参与、共同保护的良好氛围。这些努力不仅有助于打造出具有浓郁乡土气息和独特魅力的美丽乡村，更为乡村经济的可持续发展注入了新的活力与源泉。同时，这也将极大地提升乡村居民的生活质量与

幸福感，促进城乡协调发展，为实现全面建设社会主义现代化国家的宏伟目标贡献乡村力量。

（二）改造和整治农村居住环境，打造宜居宜业宜游新乡村

在乡村环境传播与美丽乡村建设的紧密互动中，改造和整治农村居住环境成为提升乡村整体风貌、促进生态文明建设的关键一环。这一举措不仅关乎农村居民生活品质的显著提升，更是乡村振兴战略深入实施、农村可持续发展的有力保障。

改造和整治农村居住环境，首要任务在于优化农村基础设施。我们应不断完善供水、供电、道路、通信等公共设施，确保农村居民享有便捷、安全、舒适的生活条件。同时，加强农村垃圾处理、污水处理等环保设施建设，有效改善农村环境卫生状况，减少污染排放，守护乡村的绿水青山。

在此基础上，我们还应注重提升农村居住环境的美学价值。通过合理规划村庄布局、美化村容村貌、打造乡村景观节点等方式，充分展现乡村的自然之美与人文之韵。让乡村成为游客流连忘返的旅游胜地，成为城市居民向往的休闲度假胜地。同时，我们也应尊重乡土风貌和地域特色，避免千篇一律的城镇化倾向，让乡村成为记得住乡愁、留得住乡情的精神家园。

在乡村环境传播方面，我们应充分利用各种媒介和平台，广泛宣传改造和整治农村居住环境的重要意义与显著成果。通过提高农村居民的环保意识和参与度，形成全社会共同关注、支持和参与的良好氛围。政府、企业和社会组织等各方力量应紧密协作，形成合力，共同推动农村居住环境的持续改善与优化。

通过这些努力，我们不仅能够为农村居民创造一个更加宜居、宜业、宜游的乡村环境，还能够促进乡村经济的多元化发展，提升乡村社会的整体文明程度。让乡村成为美丽中国的生动缩影，为构建人与自然和谐共生的现代化贡献乡村智慧与力量。

第三节　中国生态文明建设中的生态社会主义意蕴

一、生态社会主义的理论缘起与存在形态

生态社会主义起源于 20 世纪 70 年代的西方绿色环境保护运动，它是针对当代资本主义国家所面临的各种危机而兴起的一种新型社会模式探索。作为西方生态运动与社会主义思潮的融合产物，生态社会主义反映了绿色运动在社会政治和思想理论领域的深刻影响，代表了新马克思主义者调整战略、深入群众、寻求广泛支持的尝试。这一思潮被视为 "21 世纪的社会主义"，其影响力和研究范围随着时间和活动的推进而不断扩展。

生态社会主义的研究者来自哲学、社会学、政治学、经济学和自然生态学等多个学术领域，他们的研究目的也从最初的理论探讨逐渐转向与现实问题的紧密结合。生态社会主义主张采取符合生态原则的稳态经济模式，减少技术对自然的干扰，追求社会正义和基层民主。他们提出的政治经济改革目标、制度法律中的生态设想以及政府环境治理的政策措施，不仅引起了各国政府的关注，还越来越多地被纳入各国政党和政府的施政议程中。

在存在形态上，生态社会主义展现出多样化的特征。首先，它作为一种新兴的社会思潮，以理论体系的形式存在，通过批判资本主义制度、倡导可持续发展和绿色经济等理念，为生态社会主义的实践提供了坚实的理论支撑。其次，生态社会主义也表现为政党形态，一些国家和地区出现了秉持生态社会主义理念的政党或政治组织，它们通过参与政治选举、制定环保政策等方式积极推动生态社会主义的实践。此外，生态社会主义还广泛存在于各种环保组织、绿色团体等社会运动中，这些组织通过宣传、教育和抗议等多种活动形式，提高公众对生态环境问题的认识，促进生态社会主义思想的传播与深化。

这些多样化的存在形态共同构成了生态社会主义的丰富内涵与实践路

径，不仅为反思和批判资本主义制度提供了有力武器，更为构建人与自然和谐共生的社会提供了积极的探索和实践。生态社会主义正逐步成为解决全球生态危机、推动社会可持续发展的重要理论参考和实践指南。

二、生态社会主义的内涵理解与实践探索

生态社会主义作为一种将社会主义理念与环境保护深度融合的社会发展模式，其核心理念在于在社会主义制度框架下，通过公平、民主的路径，推动人与自然的和谐共生。这一理念源自对传统工业资本主义模式下环境急剧恶化、资源分配极端不公等问题的深刻反思，它强调在经济发展的进程中，必须严格遵循生态原则，确保资源的可持续利用和生态系统的健康稳定。在中国，生态文明建设被视为中国特色社会主义事业的关键组成部分，这既体现了党对共产党执政规律、社会主义建设规律及人类社会发展规律认识的不断深化，也彰显了党对生态文明建设规律的精准把握。

生态社会主义蕴含着两个核心的现实思考与实践目标：一是对全球性生态危机的深切忧虑，二是对重建生态社会主义的美好憧憬。它指出，生态危机的根源深植于资本主义私有制之中，这种制度导致了人和人在自然资源占有、分配及使用上的利益关系危机，而这一切均通过人与自然关系的扭曲得以体现。在资本主义社会，私有制通过法律等社会机制，将原本属于公民共有的社会权力异化为个人权力，市场经济则将人与人的社会关系简化为经济关系，并进一步物化为商品交换关系。在这样的背景下，个人对物质利益的追求成为驱动社会生活的普遍原则，自然界不幸沦为"金钱拜物教"和"商品拜物教"的牺牲品。资本主义制度下的谋利导向、效率追求、物欲膨胀以及经济增长的价值观，促使技术服务于这些目标，甚至不惜以破坏地球为代价。

尽管生态问题在资本主义和社会主义两种社会中均有所体现，但其背后的原因却复杂多样。首先，社会主义国家在发展过程中，从西方引入了科学技术、生产模式乃至环境保护的经验教训和制度规章，这在一定程度上导致

了与资本主义国家相似的环境问题，如工业化、城市化进程中的环境污染，以及人类中心主义和"人是自然主宰"的错误观念。其次，在市场经济体制下，无论是资本主义国家还是社会主义国家，都面临着过度包装、资源浪费等问题，这不仅增加了环境负担，也反映了消费主义的盛行。再者，社会主义国家在初期发展阶段，为了追赶西方国家的经济发展水平，往往经历了粗放型增长时期，付出了沉重的环境代价。此外，在全球化背景下，社会主义国家在与世界市场的深度融合中，既输出了大量资源能源，也面临着发达国家污染转移的挑战。最后，长期以来，许多企业及其员工缺乏环境保护意识和生态文明观念，这进一步加剧了环境问题的严峻性。

因此，要有效应对这些环境问题，不仅需要借鉴生态社会主义的理念，更需要在实践中不断探索和创新，推动生态文明建设与经济社会发展的深度融合，实现人与自然的和谐共生。

第三章　公众参与与生态文明建设

第一节　邻避冲突的类型及环保公众参与的方式

一、邻避冲突的原因和实质

在现代城市化进程中，公共设施的建设与布局常常引发所谓的"邻避现象"，即当地居民因担心新建设施可能带来的负面影响（如环境污染、安全威胁、资产贬值等）而表现出的抵制情绪和行为。为了更精确地理解这一现象，我们可以根据邻避产生的可能性大小，将都市公共设施划分为四个等级：第一等级包括图书馆、公园、休闲广场等，这些设施基本不会引起邻避问题；第二等级涵盖学校、文教设施、购物中心、邮电设施、医疗与卫生设施、车站等，它们可能会引起轻度的邻避问题；第三等级包括疗养院、智障者之家、高速公路、自来水厂、精神病院等，这些设施可能会引起中度的邻避问题；第四等级则是丧葬设施、污水处理厂、垃圾焚烧场、核电厂、变电所等，它们极易引起高度的邻避问题。

进入 21 世纪以来，邻避现象不仅在国内新闻媒体上频繁曝光，引起了公众的广泛关注，同时在学术研究领域也受到了越来越多的重视。学者们对邻避型群体性事件的原因进行了深入剖析，主要归纳为四类：

（1）污染类，如高架桥、高速公路、污水处理厂或垃圾处理设施等可能产生水、气、土壤、噪声污染的设施；

（2）风向集聚类，如变电站、热电厂、加油加气站等，这些设施虽然安全，风险相对较低，但一旦发生事故，后果将极其严重；

（3）污名化类，如精神病或传染病治疗机构、监狱、流浪人员救助机构、戒毒所等，居民因不愿与这些特定群体为邻而反对相关设施的建设；

（4）心理不悦类，由于习惯和传统的影响，居民对某些事物存在忌讳心理，从而产生不悦情绪。

与"邻避"相关的词汇还有"邻避设施""邻避情结""邻避冲突""邻避运动""邻避事件"等。这些词汇共同构成了对"邻避"一词的完整解释：由于已存在或即将建设的"邻避设施"触动了当地居民的"邻避情结"，引发了居民与建设主体之间的矛盾和争议，进而演变为"邻避冲突"。这种现象被称为"邻避运动"或"邻避事件"。从深层次看，邻避不仅是一种心理现象，反映了民众拒绝与可能损害自身生存权与环境权的设施为邻的倾向；它还是一种环保要求的体现，强调环境对人们生存安全和生活幸福的重要性，将环境价值作为衡量是否兴建某类设施的重要标准之一。同时，邻避也是一种抗争行为，居民在了解相关知识的基础上，尽力规避可能出现的风险。此外，邻避还蕴含着一种情结，有时是对项目运作程序不民主、相关人员工作不到位、补偿措施不合理等现象的不满和对抗。

邻避现象在世界各国经济发展过程中普遍存在，但其表现形式和处理方法却因地而异。因此，在认识和解决邻避问题时，我们既需要借鉴其他地区的成功经验，也要结合本地实际情况，采取针对性的措施。只有这样，才能有效缓解邻避矛盾，推动公共设施建设的顺利进行。

二、简单型邻避及其消解途径

邻避冲突往往与特定空间位置紧密相关，其类型多样，但主要可归为简单型邻避与扩大型邻避两大类。简单型邻避冲突主要涉及市民间公益与私利的平衡，冲突焦点明确，且项目通常具有公益性、基础性和不可替代性。此类冲突的参与者多为直接受邻避设施影响的居民，他们往往因对项目的担忧而表达反对或质疑。尽管公众可能在道义上表示同情，但在行动上给予的支持或声援相对有限。针对简单型邻避冲突，通常可通过以下四种途径加以消解。

（一）通过时间延续逐步消解

在时间的长河中逐步化解简单型邻避冲突，关键在于建立全面的消解策略。首要任务是增强信息公开与透明度，确保项目规划、环境影响评估等关键信息能够及时、准确地传达给公众，从而消除因信息不对称而产生的误解和恐惧。同时，构建公众参与机制，如听证会、问卷调查、社区论坛等，为政府与公众搭建沟通桥梁，使公众能够充分表达意见、深入了解项目详情，进而增强对项目的接受度和信任感。此外，加强科普宣传，提升公众对设施或项目的科学认知水平，帮助他们理性看待项目风险，减少不必要的恐慌和抵触情绪。最后，建立健全的法律法规体系，明确界定各方权益和责任，为项目建设和公众权益保障提供坚实的法律支撑，并通过司法途径解决争议，维护社会稳定和项目建设的顺利进行。

（二）通过设计变通灵活消解

在设计阶段灵活变通以消解简单型邻避冲突，关键在于充分考虑公众关切，对项目规划进行合理调整和优化。设计师和规划者应在项目初期深入社区，广泛听取公众意见，了解他们的担忧和诉求。基于此，对项目选址、设计方案、运营方式等进行针对性调整，以最小化对环境、健康和社会生活的影响。例如，在垃圾焚烧厂项目中，可采用先进的焚烧技术和污染控制措施，降低排放物的毒性和数量，并优化厂区布局，减少对周边居民的视觉和嗅觉干扰。同时，增设绿化带、隔音屏障等设施，进一步提升环境质量。在此过程中，注重公众参与和反馈机制的建设，通过定期召开公众咨询会、设立意见箱等方式，让公众持续了解项目进展，提出改进建议，从而增强对项目的信任感和接受度。

（三）在建立信任基础上消解

在建立坚实信任的基础上消解简单型邻避冲突，需要政府、企业和社区等多方主体的共同努力。政府应主动公开项目信息，涵盖规划、审批、建设、运营等各个环节，确保公众对项目有全面深入的了解。企业应积极履行社会责任，展示环保措施和先进技术，以实际行动证明项目的安全性和可行性。社区则作为桥梁，促进政府与公众之间的有效沟通，收集并反馈公众意见，推动问题的合理解决。在建立信任的过程中，公众参与和第三方评估同样至关重要。通过组织听证会、问卷调查、实地考察等方式，让公众直接表达意见，了解项目详情。同时，引入独立的第三方机构进行项目评估，提供客观公正的意见，有助于增强公众对项目的信任感。此外，政府和企业还需关注长期效益和社区发展，通过提供就业机会、改善基础设施、开展公益活动等方式回馈社区，增强公众对项目建设的支持和认可。通过这一系列措施的实施，可以在信任的基础上有效消解简单型邻避冲突，实现项目与社区的和谐共生。

三、扩大型邻避背后公民权利的维护

扩大型邻避现象，作为一种复杂且影响广泛的社会冲突，其核心在于公民权利与公共利益之间的深刻矛盾。这类冲突往往聚焦于大型基础设施或工业项目（如大型化工厂、核电站、高速公路等）对周边环境的潜在影响，以及由此引发的公民对健康权、知情权、参与权及环境权等基本权利的强烈诉求。在应对扩大型邻避现象时，有效维护公民权利成为缓解社会矛盾、促进社会和谐的关键所在，同时也是实现可持续发展和构建生态文明社会的必要条件。

为了妥善处理这一问题，需采取多维度的综合措施。首要的是增强信息公开与透明度，确保项目从规划到运营的每一个阶段都能被公众充分知晓。这包括详尽披露项目的环境影响评估、社会影响分析及应对措施，以消除信息不对称，增强公众对项目的理性认知与信任。同时，建立有效的公众参与机制，如听证会、公众咨询、在线调查等，让公民能够直接表达意见，参与决策过程，确保公民权利得到切实尊重。

其次，加强法律法规建设，为公民权利提供坚实的法律保障。通过制定和完善相关法律法规，明确界定公民在环境、健康、知情权、参与权等方面的权利与义务，同时加大对违法行为的惩处力度，维护社会公平正义。此外，注重公民教育，通过教育普及、宣传引导等方式，提升公民的法治观念与权利意识，鼓励公民依法理性表达诉求，避免采取极端行为。

再者，政府应积极推动经济社会发展与生态环境保护的协调发展。通过优化产业结构、提升技术水平、加强环境治理等措施，减少项目对环境的负面影响，保障公民的健康权和环境权。同时，关注社区发展与民生改善，通过提供就业机会、完善基础设施、开展公益活动等方式，增强公民对项目建设的支持与认可，促进项目与社区的和谐共生。

应对扩大型邻避现象需要政府、企业和公民三方的共同努力。通过增强信息公开、建立公众参与机制、加强法律法规建设、注重公民教育以及推动经济社会发展与生态环境保护相协调等措施，可以有效维护公民权利，缓解社会矛盾，促进社会的和谐稳定与可持续发展。

四、邻避冲突对社会发展的正向推动

从政府维稳的角度来看，邻避冲突虽然常被视为公众环保参与的反向行动，但其对社会发展却具有不可忽视的正向推进作用。这种作用主要体现在以下四个方面。

1. 邻避冲突与环境正义的关联，促进政府环境决策的科学化

邻避冲突，作为社会转型期的一种特殊现象，其背后往往蕴含着公众对

环境权益的深切关注和强烈诉求。这些冲突不仅揭示了公众对于特定设施或项目可能带来的环境污染和健康风险的担忧，更深层次地体现了公众对环境正义的渴望。环境正义，即要求政府在决策过程中充分考虑公众的环境权益，确保环境资源的公平分配和合理利用。邻避冲突正是以这样一种激烈的方式，促使政府不得不正视并回应公众的环境诉求，从而推动政府环境决策向更加科学化、民主化的方向发展。

在邻避冲突的推动下，政府开始更加注重环境决策的科学性和合理性。他们通过加强环境影响评估、公开决策过程、广泛听取公众意见等方式，努力提升决策的透明度和公众的参与度。这种转变不仅有助于政府更准确地把握公众的环境诉求，还能确保决策更加符合实际情况，更能体现公众的环境权益。同时，邻避冲突还促使政府不断探索创新的环境治理模式和手段，如引入第三方评估机构、建立环境补偿机制、推动绿色技术创新等，以更加科学、高效的方式解决环境问题，实现经济发展与环境保护的双赢。

此外，邻避冲突与环境正义的关联还促使政府在环境决策中更加注重公平和正义。政府开始平衡不同利益群体的诉求，确保环境决策不仅符合经济发展的需要，更能体现对公众环境权益的尊重和保障。这种转变要求政府在决策过程中不仅要考虑项目的经济效益，还要全面评估其对环境、社会、健康等方面的影响，确保决策的科学性、合理性和公正性。

2. 邻避冲突与环境政策的关联，推动政府管理迈上新台阶

邻避冲突不仅反映了公众对环境权益的高度关注，还与环境政策形成了紧密的互动关系。这种互动关系不仅促使政府重新审视现有的环境政策体系，还推动了政府管理方式的创新和升级。

在邻避冲突的推动下，政府不得不加强环境政策的制定和执行力度。为了有效缓解公众对环境风险的担忧，政府加快了环境政策的更新迭代，出台了更加严格、具体的环保法规和标准。这些法规和标准不仅为项目建设和运营过程中的环境风险提供了有效的控制手段，还增强了公众对政府环境管理能力的信心。

同时，邻避冲突也促使政府加强了环境监管和执法力度。政府通过建立健全的环境监测网络、强化执法检查和处罚力度等方式，确保了环境政策得到有效执行。这种严格的监管和执法不仅维护了公众的环境权益，还促进了企业环保行为的规范化和制度化。

更为重要的是，邻避冲突推动了政府管理方式的创新和升级。政府开始注重公众参与和协商民主，通过召开听证会、开展问卷调查、建立社区参与机制等方式，广泛听取公众意见，增强决策的透明度和公众的参与度。这种转变不仅提高了政府决策的民主性和科学性，还增强了公众对政府的信任和支持。此外，政府还积极引入市场机制、科技手段等创新元素，推动环境治理向更加高效、智能的方向发展。这些创新举措不仅提升了政府的管理效能，还为解决复杂多变的环境问题提供了新的思路和途径。

3. 邻避冲突与环境知识的深度融合：激发市民环保责任感的新动力

邻避冲突，作为当代社会一个复杂且多维的社会现象，不仅凸显了公众对环境问题的深切关注，更在与环境知识的紧密关联中，成为激发并增强市民环保责任感的重要催化剂。在邻避事件的广泛讨论与深刻反思中，公众开始以一种前所未有的积极性投入到环境知识的学习与探索中。这种学习不再局限于对特定设施或项目可能带来的环境影响进行浅尝辄止的了解，而是深入到环境保护的基本概念、法律法规、科学原理等多个层面，形成了一种全面而深入的环境知识体系。

随着环境知识的不断积累与深化，市民的环保责任感也随之显著增强。他们开始意识到，环境保护并非仅仅是政府的职责所在，而是每一个社会成员都应承担的义务。在日常生活中，市民们纷纷采取行动，从减少垃圾产生、提倡绿色出行、参与环保公益活动等细微之处做起，以实际行动践行环保理念，为保护我们共同的家园贡献自己的力量。

同时，邻避冲突还促进了市民在环境问题上形成更加理性和成熟的态度。他们不再盲目地反对所有可能带来环境风险的项目，而是学会了运用科学的眼光去审视问题，理性地表达自己的诉求，并积极寻求与政府、企业之间的沟通与协商。这种理性的态度不仅有助于缓解邻避冲突带来的紧张氛围，更为环境问题的有效解决奠定了坚实的基础，推动了社会的和谐与稳定。

4. 邻避冲突与区域治理的紧密联动：对传统差序格局的深刻超越

邻避冲突，作为现代社会发展中不可忽视的重要议题，其与区域治理之间的紧密联动，不仅揭示了传统社会治理结构中的深层次问题，更成为对传统差序格局的一种深刻超越。在传统差序格局下，社会治理往往局限于地域、血缘、亲缘等狭窄的框架内，形成了一种封闭且僵化的治理秩序。然而，邻避冲突的出现，如同一股强劲的东风，吹散了这种固有的治理迷雾，使环境问题成为跨越地域、阶层、群体界限的共同关注点，推动了区域治理向更加开放、包容、协同的方向发展。

在邻避冲突的应对过程中，政府、企业、公众及社会组织等多方主体被紧密地联结在一起，共同参与到环境问题的解决中来。这种跨领域的合作模式不仅打破了传统治理中的壁垒与隔阂，更促进了资源的共享与优势互补，为环境问题的有效解决提供了有力保障。

更为重要的是，邻避冲突促使政府不得不重新审视和调整自身的治理策略。在应对挑战的过程中，政府逐渐意识到传统的自上而下管理模式已难以适应复杂多变的社会环境，开始积极探索更加民主、协商、利益协调的治理模式。这种治理模式的转变不仅有助于提升政府的决策质量与效率，更增强了公众对政府的信任与支持，为区域治理的长远发展奠定了坚实基础。

在区域治理的实践中，邻避冲突还推动了治理方式的创新与升级。为了解决日益严峻的环境问题，政府开始探索建立跨区域的治理机制，如流域治理、区域联防联控等，以实现环境问题的协同治理。同时，政府还积极运用科技手段，如大数据、人工智能等，提升治理的智能化与精准化水平，为区域治理注入了新的活力与动力。这些创新举措不仅有助于提升区域治理的效能与水平，更为构建人与自然和谐共生的美好未来奠定了坚实基础。

第二节 环保公众参与中的协商民主新视角

一、协商民主的语义分殊与环保公众参与的民主启蒙

协商民主作为一种新兴的民主形式，其内涵深刻且多元，不仅强调了公民在决策过程中的积极参与和平等对话，还侧重于通过理性讨论和协商来达成共识，从而维护并促进公共利益。在环保公众参与的背景下，协商民主为公众提供了一个全新的视角和平台，使他们能够更有效地表达环境诉求、参与环境治理。

从语义层面分析，协商民主中的"协商"二字蕴含了对话、交流、妥协与共识等多重含义。这与传统的选举民主形成鲜明对比，后者主要依赖公民通过投票选举代表来间接参与决策。而协商民主则鼓励公民直接参与到决策过程中，与政府、企业等决策主体进行平等对话，共同探讨和解决环境问题。这种参与方式不仅增强了决策的透明度，也提升了公众的信任感，使决策结果更加贴近公众的实际需求和期望。

在环保公众参与实践中，协商民主的作用尤为显著。它促进了公众环保意识的觉醒和民主素养的提升。公众通过参与协商过程，不仅加深了对环境问题严重性和紧迫性的认识，还激发了他们保护环境的责任感和使命感。同时，协商民主强调的理性讨论和共识达成，使公众学会了以更加理性和平和的方式表达诉求，避免了情绪化冲突，促进了社会和谐与稳定。

此外，协商民主还推动了环境治理模式的创新和升级。它打破了传统环境治理中政府单方面决策和执行的局面，鼓励政府、企业、公众及社会组织等多方主体共同参与和协作。这种跨界合作模式不仅增强了环境治理的多元性和有效性，还促进了不同主体间的沟通与理解，为构建和谐社会关系提供了可能。同时，协商民主鼓励公众参与到环境治理的监督过程中，确保了环境治理的公正性和透明度。

协商民主在环保公众参与中的实践，不仅丰富了民主的内涵和形式，还推动了公众环保意识的提升和民主素养的增强。它为公众提供了表达环境诉求、参与环境治理的新平台，促进了环境治理模式的创新和升级。在协商民主的指引下，公众与政府、企业等决策主体之间的沟通与协作将更加顺畅和高效，为构建生态文明社会、实现可持续发展奠定了坚实基础。这种以协商民主为核心的环保公众参与模式，正逐步成为推动社会进步与发展的重要力量。

二、协商民主的现实前提与环保公众参与的协商端倪

在工业化加速推进的现代社会，人类与自然的原始对立以一种既无奈又必然的方式终结，众多人群被迫在日益污染的自然环境中生存。此时的自然已不再是原本独立存在的"自在"自然，也不再是人为塑造的"自为"自然，而是被深深嵌入工业社会之中，成为文明世界内部不可或缺的一部分。社会生产的每一次飞跃，都伴随着自然与人类关系及人与人社会结构的重新调整。科学家与企业家的活动，无论其性质如何，总会以某种方式影响到他人的健康、生产力发展、经济利益乃至财产权利，因此不可避免地触及责任、司法以及法律和政治的层面。

在这样一个社会关系与社会生活深受政治调节影响的社会里，生产、交换与健康等领域都深深地烙印上了环境价值与绿色政治的痕迹。当环境污染或生态危机威胁到人类健康和社会经济发展时，这实际上也是对社会政治制度的一种挑战。对自然的损害，需通过社会子系统来阐释，这意味着工业生产循环中对自然的破坏，已不仅仅是"纯粹"的自然破坏，而是融入了社会、政治和经济动力的复杂过程。这种不可见的自然的社会化，其副作用是将对自然的破坏和威胁转化为社会的、政治的和经济的对立与冲突。

于是，政治与社会这两个原本相对独立的领域开始相互交织：政治一端涉及政党、政府、民主与善治，包括执政方式的变革、政治体制的改革以及行政伦理的重塑；社会一端则关乎社会组织、公民福利与阶层和谐，环境风

险所引发的个人健康问题、生态退化导致的区域贫困以及工业污染可能带来的财产价值潜在受损等问题，成为媒体关注的焦点。

起源于古希腊雅典城邦时代的民主制度，强调人民的统治。在当代中国政治发展中，民主主要致力于解决两个问题：一是推动人民民主的发展，使人民能够团结为一个整体，参与国家政治运行，监督并掌握国家权力；二是促进传统国家向现代国家的转型，实现各民族、各党派、各阶层、各团体的共生共荣，其核心在于协商，即人民有权自主选择政治代表、生活方式和社会模式，这符合现代政治精神与形态。随着民主政治的进步，参与、协商、解释、反馈、公开、透明、抗议与申诉等环保公众参与形式日益丰富，集体行动的自主性和合法性也在一定程度上得到了社会和法律的认可。

在环保方面，我们看到了人民政协制度与协商民主工作机制的互动。

1. 跌宕起伏的环保公众参与历程

随着全球经济一体化进程的加速以及国内经济的迅猛发展，环境问题如同一面镜子，映照出社会快速发展的背后所隐藏的种种挑战。环境污染、生态破坏等问题日益严峻，成为可持续发展的重大瓶颈。在此背景下，公众对环境质量的关注度持续攀升，环保意识逐渐觉醒，社会各界对环境保护的共识日益增强。这种共识的形成，为协商民主在环保公众参与中的实践奠定了坚实的社会基础。

与此同时，信息技术的飞速发展如同催化剂，为协商民主提供了前所未有的便捷与高效沟通平台。互联网、社交媒体等新兴媒介如雨后春笋般涌现，使得环境信息的传播速度空前加快，公众能够轻松获取各类环境资讯，及时表达自身环境诉求，并积极参与环境问题的讨论与决策过程。这种信息交流的畅通无阻，极大地降低了协商民主的实践门槛，促进了公众与政府、企业等决策主体之间的紧密互动与协作。

然而，协商民主在环保公众参与中的实践之路并非坦途。不同利益群体之间的诉求差异与利益冲突如同暗礁，时常阻碍着协商进程的顺利进行。政府、企业与公众在环境保护与经济发展之间寻求平衡的过程中，往往面临着诸多挑战与困境。尽管如此，协商民主依然以其独特的优势与价值，在环保公众参与中展现出强大的生命力与广阔的发展前景。

2. 多方争论下的协商民主实践

在协商民主的框架下探讨环保公众参与，不可避免地会触及政府、企业、公众及环保组织等多方主体的敏感神经，引发激烈的争论与博弈。政府作为环境政策的制定者与执行者，其决策过程往往受到政治、经济等多重因素的深刻影响，需要在经济发展与环境保护之间寻找微妙的平衡点。企业作为环境问题的直接责任方，其经营行为对环境的影响不容忽视，但在追求经济效益的同时，往往对环保投入与整改持谨慎态度。公众则作为环境质量的直接感受者与受益者，对环境保护的诉求日益强烈，期望政府与企业能够采取有效措施解决环境问题，保障公众健康与权益。环保组织则作为公众的坚实后盾，积极倡导环保理念，监督政府与企业的环保行为，推动环境政策的完善与执行。

在多方争论的漩涡中，协商民主如同一座灯塔，为各方主体提供了沟通的桥梁与协商的平台。它鼓励各方以平等、理性的态度参与到环境问题的讨论与决策中来，通过对话、交流与协商，寻求共识与解决方案。这种沟通机制不仅有助于缓解紧张关系，增进相互理解，还为环境问题的有效解决提供了可能。同时，协商民主还强调决策的透明度与公众的参与度，确保各方主体的利益诉求得到充分考虑与平衡，从而增强决策的合法性与可接受性。

3. 双重博弈下的协商民主挑战与机遇

在环保公众参与的协商民主实践中，双重博弈现象如同双刃剑，既带来了挑战也孕育了机遇。一方面，公众与政府、企业等决策主体之间的博弈，反映了公众对环境保护的强烈诉求与政府、企业在经济发展与环境保护之间的权衡与取舍。这种博弈的存在，促使政府与企业不得不更加审慎地考虑公众的环境诉求，推动环境政策的完善与执行。另一方面，不同公众群体之间的博弈，则体现了社会结构的复杂性与多元性。不同群体对环境问题的认知与诉求存在差异，这种差异在协商民主的过程中可能引发分歧与冲突。然而，正是这种分歧与冲突,为协商民主提供了更加丰富与多元的视角与思路,促进了环境问题的深入探讨与全面解决。

在双重博弈的背景下,协商民主需要更加注重公平、公正与包容,确保各方主体的利益诉求得到充分尊重与平衡。通过加强沟通与协商,寻求共识与解决方案,推动环境问题的有效解决与社会的和谐稳定。同时,协商民主还应不断拓展其应用领域与深度,提高公众对环境保护的认知与参与度,为实现可持续发展目标贡献力量。在风险社会的转型期,协商民主不仅为环保公众参与提供了有效的沟通机制与平台,还推动了整个中国社会走向风险民主管理的道路,即生态民主政治。通过拓宽和加强协商民主实践,我们有望从容应对生态灾难挑战,实现可持续发展的宏伟目标。

三、协商民主的价值精神与环保公众参与的终极目标

协商民主作为一种先进的民主理念,极大地拓宽了人们对于民主的认知范畴,揭示了人与人之间不仅存在着竞争与对抗,更应具备协商与合作的精神。在环保公众参与的背景下,协商民主的价值精神显得尤为突出,具体体现在以下几个方面。

(1)协商民主承认多元性的存在。这种多元性不仅体现在参与主体的多样性上,如公民个体、企业、非政府民间组织以及政府等,他们可以以不同身份参与环保活动;还体现在各方利益的多元化上,企业追求利润最大化,政府期望经济发展与环境保护的平衡,公众则渴望拥有一个美丽宜居的环境。在协商民主的过程中,这些参与主体是平等的,他们的利益在法律框架内受到保护,且协商的结果也是多元化的,因地域、人群而异,没有统一的解决方案。

(2)协商民主尊重差异。这种差异不仅体现在各社会主体固有的特殊性上,还体现在他们之间的观点、利益和偏好分歧上。协商民主正是基于这种多元和差异的存在而展开的,它强调政治体系和社会组织应更加重视和尊重这种多元现状,并将其与个人的基本权利与权益相对等。通过协商,各方能

够表达自己的诉求，寻求共识，解决矛盾。

（3）协商民主体现了包容性。这种包容性能够整合不同的思想观念和价值理念，为政策的制定提供广泛的选择空间。在环保公众参与中，包容不仅是对各方利益的尊重，更是在利益冲突时通过谈判和协商，促使各方做出必要的让步，以达到缓和及化解矛盾的目的。这种包容性不仅体现在对具体利益的尊重上，更体现在对环境价值的共同追求上，即在保护自身利益的同时实现环境价值的提升。

协商民主在环保公众参与中发挥着不可替代的作用。它鼓励各方以平等、尊重、包容的态度参与环保活动，共同寻求解决方案，推动环境保护事业的发展。

目前，我国的环保公众参与存在着一些误区或危机，过多地裹挟着各种利益诉求和社会宣泄情绪，并且正在陷入"不闹不解决，小闹小解决，大闹大解决"的中国式循环，容易引发环境群体性事件。而环境群体性事件往往导致"三输"结局：地方经济失去合法、合规的项目，审批机构的公信力遭遇挑战，最后是当地的环境的改善也未得到立竿见影的效果。因此，克服环保公众参与危机，就要治疗过分冷漠或过分热情的"感冒发烧症"，畅通合法参与的途径和渠道。在我国，协商民主的目的，就是要实现公民有序的政治参与。环保公众参与从协商民主视角需要有几个转向。

（一）从维稳导向转为人权导向：深化环境保护的核心理念

过去，无论是提倡环保公众参与还是协商民主，往往更多地着眼于鼓励理性参与、维护社会稳定。然而，这种维稳思维本质上是一种应景性、暂时性的策略，从长远来看，我们必须转向人权导向，从尊重人权特别是环境权的高度来审视环境保护问题。环境权，作为伴随着人类环境危机而产生的一项新型法权，与多种基本人权或基本法权紧密相连，具有鲜明的个性和综合性。它不仅是个体权利的体现，也涵盖了集体权利和代际权利，是环境法律权利与义务的高度统一。在环境社会关系中，每个环境权主体在享受和利用环境资源的同时，都负有不对其他主体造成损害的义务，这种义务同样延伸至后代，确保他们的生存和发展不受环境危害。政府作为环境保护的责任主体，其职责在于公正有效地处理侵害环境权的民事纠纷，平衡环境治理与经济发展的关系，优化公民的生存空间，并站在公平公正的立场上协调各方环境利益。只有切实维护公民的基本环境权益，才能从根本上保障国家的长治久安，实现社会的和谐稳定。

（二）从单向决定转为多方磋商：构建平等的协商机制

平等性是协商民主得以有效实施的前提，也是理性讨论能够顺利进行的基础。在经济市场和政治市场中，活动的主体虽然看似不同，但实质上往往是同一群人。因此，将经济市场上的"利己主义"与经济市场截然对立是不合理的。在现实中，政治资源若成为某些政府官员和利益相关者谋取私利的工具，便容易滋生腐败。传统的"家长制"或"一言堂"决策模式忽视了多元利益主体的存在，而协商民主则强调通过多方磋商来达成共识。政府作为社会管理的主体，在公共决策中同样承载着组织利益和个人利益。通过协商，可以最大限度地挤出这些个人利益，确保公共决策的公正性和合理性。同时，协商民主的程序为集体决策提供了合法性基础，有助于改进政治问题的解决方法，减少金钱和权力对决策的影响，从而纠正一些地方政府唯经济论、忽视环境保护和民众健康的倾向，避免可能的官商勾结和利益输送现象。

（三）从权宜之计转为制度习惯：推动环保协商民主的常态化

为了整治环境，过去曾采取过一系列运动式的治理措施，但这些措施往往难以持续。要实现环境保护的长效机制，必须将环保公众参与和环保协商民主纳入法律、制度和政府日常管理的范畴，使其成为一种常态化的行为。协商民主批判了现有公共决策中的不合理之处，重新激发了公民参与公共事务的积极性，强调了公共决策的合法性和公民的参与权。在环境决策领域，协商民主展现出了其独特的优势。它能够理性地应对环境问题的复杂性、不确定性和集体行动的挑战，通过不断的民主对话提升公众对环境价值多元性的认识，增强参与者之间的支持、正当性与信任。在民主时代，政府的职能逐渐缩小，政治权力逐渐归还给公民社会，这是不可逆转的历史趋势。环保公众参与中的"协商民主"虽然更多地体现在利益磋商、观点交流和方法共研等"小民主"层面，但在环境污染和生态危机面前，它却能突破个体界限，形成广泛的共识。环境维权不仅不挑战现行政治体制的权威，反而通过改变治理理念和方法，促进了基层民主进程，维护了社会的和谐稳定。善治作为政府与公民之间的积极合作，其关键在于公民的政治权力参与。只有当公民拥有足够的政治权力参与选举、决策、管理和监督时，才能与政府共同形成公共权威和公共秩序，推动国家从治理走向善治。

第三节　环保公众参与的政治社会学诠释

一、民主政治里的环保公众参与——社会治理的一个突破口

当代社会与传统社会的核心差异在于治理理念的转变。传统社会强调"统治"（government），即依靠权势和权力进行强制性的控制与管理，侧重于自上而下的单向度管控。而现代社会则倡导"治理"（governance），这是一种基于合法性、公正性和公众参与的管理方式。治理不仅限于政府行为，而是鼓励多元主体的共同参与和互动，通过民主协商解决问题，实现社会秩序的维护和改善。

英国地方治理研究专家格里·斯托克指出，治理具有五个显著特点：一是治理主体多元化，不仅限于政府，其他得到公众认可的社会公共机构也可参与管理；二是治理界限和责任模糊，现代"小政府"倾向于将部分事务转移给"大社会"，即私人部门和公民自愿性团体；三是治理过程中各机构间存在权力依赖性，需要交换信息和资源以实现共同目标；四是治理体现行为者网络的自主自治；五是政府采用新工具和技术手段进行治理，而非单纯依赖

命令和控制。这些特点相互补充，但也面临挑战，如多元主体可能导致责任推诿，责任模糊可能引发逃避责任，权力使用不当可能加剧问题。

为了克服治理的潜在失效，引入了"善治"（good governance）概念，强调政府与公民在公共事务上的合作管理，旨在最大化公共利益，实现社会管理的民主化。

改革开放后，中国经济的快速发展伴随着环境危机的加剧。环境问题在短时间内集中爆发，呈现出多样化、复合化和全面化的特点。环境保护公众参与作为民主政治发展的产物，其兴起有着深刻的社会历史背景：政企分开促使企业成为独立主体，政社分开催生了各类社会组织的涌现，权利分开则推动了治理理念和方式的变革。国家权力向社会的回归，不仅扩大了公民的话语权、自我组织和自我管理的空间，也为非公企业及公民社会的发展提供了动力，进而推动了改革的深化和民主政治的完善。

二、制度构架内的环保公众参与——人权的扩展与保障

西方环境权思想深受"环境公共财产理论"与"环境管理公共信托理论"的启发。这些理论认为，水、空气、土地、湖泊等作为人类生存不可或缺的生活与生产要素，应视为世界公民的"公共财产"，任何个体或国家均无权随意占有、支配或损害。环境作为公共财产，应由公民作为信托人，政府作为受托人，依据法律与规则共同管理，国家仅是受公众委托行使环境管理权，必须谨慎行使，避免滥用。公众的环境权需通过公众参与来保障，这构成了西方环保公众参与理论的核心前提。

相较之下，中国的国土资源归属国家所有，环境管理并非基于委托关系，因此如何体现和实现中国公民的环境权成为一个亟待研究的课题。一般而言，环境权涵盖了环境资源利用权、环境状况知情权、环境侵害请求权等多个方面，它既是道义权利与应有权利的法定化体现，也是集体权利与个体权利的融合，同时还是公民权利与环境义务的统一体，是一种新型法权。尽管我国现行法律体系中尚未直接提及"环境权"一词，但相关法律条款已隐含了环

境权的内容，如《中华人民共和国宪法》中关于国家保护和改善环境、防治污染的规定，以及《中华人民共和国环境保护法》中保障公众健康、防治污染等条款。

环境权的实现与公众环境意识的觉醒及环保活动的参与紧密相连。公众通过具体参与环保活动，不仅行使了自身权利，也承担了相应义务，从而真正成为环境管理的积极参与者而非单纯的权利享有者。在中国，环境保护领域较早确立了公众参与观念，并通过立法确认了公众参与原则，为公众参与提供了较为完备的法治保障。目前，我国环保公众参与的主要形式包括参与环境影响评价、行政立法听证、环境行政许可听证以及环境公益诉讼等，这些形式为公众提供了多元化的参与渠道，促进了环境权的有效实现。

三、社会主体上的环保公众参与——广泛性与特殊性的合离

环保公众参与作为民主政治在环保领域的延伸，体现了公众在环境保护中的重要作用。《奥胡斯公约》对"公众"的明确定义，即包括自然人、法人及其协会组织或团体，强调了环保参与主体的广泛性。然而，在我国，公众往往被狭义地理解为普通老百姓，忽视了一些关键的个人和组织在环保中的作用。实际上，环境保护涉及所有社会成员，人人都有责任和义务参与其中。

《奥胡斯公约》还提出了"所涉公众"的概念，即那些正在或可能受环境决策影响，或在环境决策中有自己利益的公众。这进一步突出了不同公众背后的利益关系，将环保参与主体细分为政府、企业、所涉公众及一般公众四大群体。政府需在环境保护与经济发展间寻求平衡；企业根据其排污程度可分为不同类别，对污染企业的监管成为环保成败的关键；所涉公众在环境权益受损时具有强烈的维权意愿，其维权行动的深度和广度影响着社会；而一般公众作为环境资源的消耗者和生活垃圾的制造者，同样是环保不可或缺的一部分。

环保公众参与行为具有工具性和发展性双重特征。工具性体现在公众对参与环保活动的预期收益与成本进行估判，以及对自己实现目标能力的评估；

而发展性则表现在通过参与环保活动，公众能够提升环保认知和社会责任感，学会平衡私人利益与公共利益，进而吸引更多人关注公共事务，激发社会活力和创造力。鉴于环境危机面前无人能够幸免，每个人都是环保的参与主体，环保公众参与的广泛性和深入性对于促进环境保护、实现可持续发展具有重要意义。

四、实践效果中的环保公众参与——功能与价值预期

（一）深化环境信息公开化，强化公众监督力量

环境信息公开作为现代环境管理的重要工具，其核心在于赋予公众环境知情权和批评权，通过公众舆论和公众监督的力量，对环境污染的制造者及环境秩序的管理者形成有效制约，促使其积极履行职责、规范自身行为。环境信息主要包括两大类：一是政府环境信息，涵盖环保部门在履行环境保护职责过程中制作或获取的各类记录、文件；二是企业环境信息，涉及企业经营活动对环境产生的影响及其环境行为的相关记录。

自《环境信息公开办法》实施以来，我国政府在环境信息公开方面取得了显著进展。各级政府通过网站、报刊、广播、电视等多种渠道，定期发布环境保护法律法规、标准、规范性文件，以及突发环境事件预报、处置情况等信息。同时，还公开了排污费征收、环保行政事业性收费的项目、标准和程序，并定期发布环境质量状况和重点流域水质状况。这些举措有效提升了政府工作的透明度，增强了公众对环境管理的信任和支持。

然而，在企业环境信息公开方面仍存在不足。多数城市对企业日常监管记录和污染企业处罚信息的公开不够全面和及时，企业污染物排放公开制度尚未健全，依申请公开的信息也难以满足公众维护环境权益的需求。部分企业因担心负面影响而缺乏主动公开环境信息的意愿。这种信息不对称不仅损害了公众的知情权、生存权和发展权，还可能误导公众参与，影响环境管理的效果。

因此，在进一步推动政府信息公开的同时，还需加强企业环境信息公开的监管和引导。政府应制定更加严格的信息公开标准和要求，鼓励企业主动公开环境信息，树立环保形象，增强社会认同感。同时，公众也应积极参与环境监督，通过举报、投诉等方式揭露环境违法行为，形成全社会共同参与环境保护的良好氛围。

（二）提升环境政策合法性，促进公众有效参与

合法性是政治学中的一个核心概念，涉及政治系统的公正性、权威性以及社会价值的认可度。环境政策的合法性受到多方面因素的制约，包括政策主体的广泛认同与支持、政策内容的科学性和可持续性、政策制定过程的合法性和透明度等。

环保公众参与是提升环境政策合法性的重要途径。通过公众参与，可以建立一个"合法的政治秩序"，增强民众对政策的认同感和服从度。公众参与不仅是参与式民主的重要组成部分，也是人民在决策程序中争取更多权利、增进对规划程序理解的重要手段。在环保政策制定过程中，公众的诉求和愿望应得到充分表达和考虑，以确保政策的科学性和公正性。

环保政策的制定实质上是一个复杂的利益博弈过程，涉及多个利益集团的智力、权力和影响力的较量。因此，政府应积极搭建公众参与平台，鼓励来自不同层面的公众表达诉求和愿望，使其成为政策制定的重要考量因素。同时，政府还应加强对政策执行情况的监督和评估，确保政策得到有效贯彻实施，达到预期效果。公众也应积极发挥监督作用，对政府执行政策的力度、政策规制对象的遵守情况以及政策系统整体运行的透明度进行监督，成为环保新政策的坚定支持者和有力推动者。通过政府、企业和公众的共同努力，可以不断提升环境政策的合法性，促进环境保护事业的持续健康发展。

（三）保障环境决策科学化

我国历来高度重视公众参与决策的重要性，强调"从群众中来到群众中

去"的决策原则。在环保政策制定过程中引入公众参与，不仅因为政策制定者人数有限，学识和阅历可能存在局限，无法全面掌握制定政策所需的所有信息，甚至可能因信息不对称而获取错误信息。公众参与能够确保政策制定的全面性和科学性，弥补政策制定者的认知不足。此外，科学决策还需深入了解决策实施对象的真实感受。历史上，诸如厦门 PX 项目、什邡钼铜矿项目以及广州番禺区生活垃圾焚烧发电厂项目等因忽视公众意见而失败的案例，警示我们必须主动识别并分类引导不同类型的公众，充分考虑他们在职业、教育、社会角色等方面的差异所带来的意见倾向性，采用多样化的沟通技术来增强决策的针对性和有效性。传统的环境决策往往是应急反应式的，滞后于问题发展进程。现代环境决策则更加注重预见性和前瞻性，从根源上治理环境问题，提前识别潜在风险和隐患，这是科学决策不可或缺的组成部分。

（四）推动公众参与组织化

近年来，中国环保民间组织不断成熟壮大，成为环境保护的重要力量。这些组织在多个方面发挥着积极作用：第一，通过环境宣传教育，提高公众环保意识，为自身在社会中赢得认可；第二，运用专业知识和组织力量，维护污染受害者的环境权益，促进社会公正，缓解环境污染引发的社会矛盾；第三，通过实地调研、问卷调查等方式，及时发现环境问题，向政府反馈民众意见，为政策制定提供智力支持；第四，携手有社会责任感的企业和企业家，共同开展环保公益活动，促进企业环保自律，从源头上减少污染；第五，加强与国际环保组织的交流合作，传递中国政府在环境问题上的积极态度。然而，环保民间组织也面临一些批评，如被指活动对象难以评估、有推卸环保责任之嫌等。这些批评提醒我们在推动公众参与组织化的同时，也要注重活动的有效性和透明度。

（五）公众参与的嘉兴模式借鉴

嘉兴在公众参与环境保护方面进行了积极探索，形成了"嘉兴模式"，即以"一会三团一中心"为主要协同形式的多元互助合作治理机制。这一模式包括嘉兴市环保联合会、环保市民检查团、专家服务团、生态文明宣讲团以及环境权益维护中心等多个组成部分。

嘉兴模式的实践经验主要体现在几个方面：

（1）"大环保"理念倡导社会共同参与；

（2）"圆桌会"机制促进市民与专家建言献策；

（3）"陪审员"制度赋予公众环境执法监督权；

（4）"道歉书"要求不良企业公开承诺并改正错误；

（5）"点单式"执法让公众拥有执法检查的选择权；

（6）"联动化"推动公众参与区域污染防治监督。

嘉兴模式在提升公众参与积极性、促进参与主体多元化方面表现出色。

然而，在实施过程中也需注意避免两个问题：一是公民陪审团成员的选择应更加科学公正，避免利益冲突；二是专家宣讲团在提供咨询时应保持中立客观，避免价值引导。

嘉兴模式的成功实践表明，公众参与环境保护不仅能够提高决策的科学性和透明度，还能促进环境治理的多元化和有效性。然而，要实现环保公众参与的持续性和普遍性，还需与其他社会力量和目标相结合，形成强大的环保潮流。例如，在一些国家，环保组织不仅影响环境政策制定，还参与政治选举和社会消费方式变革等更广泛的社会活动。这种跨界合作和多元化参与模式为环境保护提供了更为广阔的发展空间和可能性。

第四章　生态文明法学创新

第一节　生态文明法学创新的逻辑起点

一、环境、资源、生态的法学辨析："一体三用"

（一）环境的深度解析

环境，特别是人类的生活环境，可以被视为我们的"栖息地"，它为人类提供了生存和发展的基础条件。基于自然要素对人类居住环境的支持功能，我们将其称为环境。环境包含了天然的和经过人工改造的自然因素，这些因素可以直接、无偿、无排他性地为人类提供生存和发展所必需的物质、能量和空间。这些自然因素及其组合体构成了我们所说的水环境、空气环境、光环境、声环境、风环境、气候环境、景观环境等。

人类对良好环境的需求自古以来就存在，且这种需求在本质上没有发生质的变化。这种需求可以细分为两个方面：一是物质性的良好环境需求，如清洁的水源、新鲜的空气、宁静的氛围、充足的采光和通风等，这些都是人类生存的基本条件；二是精神性的良好环境需求，如对人文遗迹、自然遗迹、风景名胜等特殊环境要素的欣赏，这些环境要素不仅能满足人们的审美需求，还能提供文化陶冶和娱乐休闲的功能。

环境具有多种典型特征，如利用的本能性（任何人，包括婴儿，都能自然而然地享用环境）、基础性（环境是人类生存不可或缺的基础）、直接性（人们可以直接利用环境而无需加工转化）、公共性（环境资源无排他性、无竞争性，可供公众共同享用）、非消耗性（特别是景观环境，不会因为人们的享用而消耗）、免费性（人们可以无偿使用环境资源）和自由性（人们可以自由地享用环境，无需特别许可）。环境的复杂性和重要性不容忽视，正如柯泽东教授所言："环境一词，虽然相比具有严密科学基础的'生态'一词显得较为笼统，但在描述人类整体生存空间和广泛活动范围时，包括物质和精神层面，环境一词更能全面涵盖其意义。"

（二）资源的全面审视

联合国环境规划署将自然资源定义为："在一定时间条件下，能够产生经济价值以提高人类当代和未来福利的自然环境因素的总和。"人们基于自然要素对人类生产生活的资源供给功能，将其称为自然资源。资源，是指在特定社会经济和技术条件下，能够为人类提供生产和生活资料，并具有相应财产价值的自然因素及其组合体，如矿产资源、水资源、土地资源、生物资源、海洋资源、气候资源、旅游资源等。

人类对资源的利用方式多种多样，主要可以分为三类。

（1）直接从自然界中摄取物质和能量，这种方式属于消耗性利用，如开采矿产、利用水力或风力发电、抽取工农业用水等；

（2）将自然资源作为生产经营的载体或场所，这种方式属于非消耗性利用，如提供耕地进行农业生产、提供土地进行植树造林、提供水域进行渔业养殖等；

（3）向自然界排放污染物质，这被称为对环境容量资源的利用，虽然这种利用方式看似是对环境容量的"占用"，具有一定的消耗性，但实际上环境容量并不直接参与生产过程，而是作为生产经营活动的外部条件存在。因此，在环境容量未实现资产化或资本化之前，不应简单地将其视为可交易的自然资源，而应通过征收排污税（费）等方式实现其负外部性的内部化。

根据利用目的的不同，人类对自然资源的利用还可以分为生存性利用和商业性利用两大类。生存性利用通常实行无偿使用、自由取得的原则，如农户灌溉取水、上山采摘野果等；而商业性利用则实行许可取得、有偿使用的原则，如工业取水需经过取水许可并支付水资源使用费。

自然资源具有多种典型特征，如财产性（可资产化）、稀缺性、排他性、竞争性、科技依赖性、历史性和有偿性（自然资源有偿开发利用是基本原则）。值得注意的是，空气通常不被视为自然资源，因为它不具有利用的排他性、财产性、稀缺性和竞争性。然而，当空气形成风并用于发电时，我们称其为气候资源，此时它才具备自然资源的属性。

（三）生态的概念及其多维度解析

"生态"一词，其词根可追溯至古希腊文"Oikos"，原意为"住所"或"栖息地"，蕴含着生物与其生存环境之间紧密相依的关系。德国生物学家海克尔（Ernst Heinrich Philipp August Haeckel）首次提出了"生态学"的概念，他强调生态学是研究生物在其生活过程中与环境相互作用的科学，特别是动物有机体与其他生物之间的互惠或敌对关系。随着时间的推移，现代生态学对"生态"的定义更为宽泛，它指的是在一定时间和空间条件下，生物之间（无论是相同或不同的生命群体）以及生物与无机环境之间复杂而微妙的相互作用和联系。

从人类生存的角度来看，当这种相互作用保持在自然长期进化所形成的相对稳定状态时，且生物与环境的系统性保持良好，这种状态便被称为"生态的"。反之，若这种平衡被打破，导致系统功能紊乱，则被称为"反生态的"。在现代社会中，"生态"一词已成为流行语，广泛应用于各个领域，如"生态经济""生态旅游""生态消费"和"生态农业"等，用以描述符合生态规律的事物或实践。

　　生态的核心在于其生产功能和服务功能。生态生产功能涵盖了生物生产（如植物和动物的生产）、氧气生产、土壤形成、矿物形成等，这些都是环境和资源要素的基本生产过程。而生态服务功能则包括水土保持、水源涵养、纳污净化、防风固沙、气候调节、防洪调蓄、物种调节及维护生物多样性等，这些功能对于维持地球生态系统的健康和稳定至关重要。

　　生态不仅涉及生物与生物、生物与无机环境之间的相互作用，还强调这些相互作用在特定时空条件下构成的整体生态系统的结构和功能。不同的生态要素和关系组合成多样化的生态系统，如森林、草原、湿地、荒漠、冻原、海洋以及城市和乡村生态系统等。每个生态系统都有其独特的生态特征和运行规律。

　　值得注意的是，生态对人类的影响往往是间接的。它并不直接作用于人类，而是通过生产生态产品和提供生态服务来间接满足人类的需求。例如，鸟类作为生态要素，通过捕食害虫、传播花粉和种子等方式维护生态平衡，从而间接地造福人类。这种间接性体现了生态与人类之间的复杂联系。

　　然而，生态平衡的改变对人类而言具有重大意义。虽然从自然的角度来看，生态平衡的变化是中性的，因为旧的平衡被打破后总会形成新的平衡，但这种变化对人类可能是有益的（如沙漠变为草原），也可能是有害的（如草原退化为沙漠）。因此，我们所追求和保护的生态平衡是坚持"人类中心主义"的，即有利于人类生存和发展的生态平衡。这并不意味着忽视其他生物或生态系统的权益，而是在维护人类利益的同时，也要考虑到生态系统的整体健康和可持续性。

　　生态具有间接性、整体性、动态性和保障性等典型特征。它不仅是自然界的基本规律，也是人类社会可持续发展的基石。在理解和应用生态概念时，我们需要综合考虑其多维度含义，以实现人与自然的和谐共生。

（四）环境、资源和生态功能的相对性与交叉性

　　在自然界中，一种自然要素往往同时具备环境、资源和生态的一种或多

种功能，这些功能并非孤立存在，而是相互交织、相互影响的。因此，在定义或命名某一自然要素时，我们通常会根据其主导功能来进行。例如，矿藏因其资源供给功能而被称为矿产资源；大气则因其环境支持功能而被广泛称为大气环境。类似地，森林这一自然要素的功能也呈现出多样性。当森林的主要功能是提供木材和林副产品时，它被称为森林资源或资源林；当其功能侧重于水土保持、防风固沙、水源涵养等生态服务时，则被称为森林生态或生态林；而当其主要用于净化空气、降低噪声、调节气温、美化环境等环境支持功能时，则被称为森林环境或环境林。这种命名方式体现了自然要素功能的多样性和相对性，也反映了人类在不同需求和视角下对自然要素的不同认知和利用方式。

（五）环境、资源和生态法律保护的综合性与协调性

鉴于环境、资源和生态之间的紧密关联和相互依赖，法律在保护这三个方面时必须采取综合性与协调性的策略。

（1）法律应分别对环境、资源和生态进行专门保护，同时又要坚持整体主义原则。具体而言，环境法（中义）应专注于环境质量的保护，防止和治理环境污染与破坏；资源法则应确保资源的永续利用，促进资源的合理开发与高效利用；生态法则应维护生态系统的平衡与生态安全。在立法上，应分别成立相应的环境法、资源法和生态法部门，并在监管体制上设立相应的环境部、资源部和生态环境部，以实现对各领域的专门保护。

（2）在坚持专门保护的同时，也要注重环境法、资源法和生态法之间的融合与协调。由于资源保护与生态保护、资源利用与污染防治之间存在一定的耦合性和一致性，因此资源法往往也包含环境法和生态法的部分功能。在立法过程中，应充分考虑这种耦合性，促进资源法的生态化、环境法的生态化以及生态法的资源化。例如，在矿产资源法中应包含生态修复的规定，在土地管理法中应加强对生态用地的保护；在污染防治法中应重视生态治理方法的应用，避免单纯追求环境治理而忽视生态保护。

（3）基于环境、资源和生态功能的交叉性，可将资源法和生态法视为环境法（广义）的组成部分。从广义上讲，所有的资源要素和生态要素都是环境要素的一部分，但并非所有环境要素都具备资源或生态属性。因此，在构建法律体系时，可以将资源法和生态法纳入广义环境法律体系的范畴内，以体现法律保护的全面性和系统性。

（4）对环境、资源和生态的权利化保护也是法律保护的重要内容。通过将环境利益、资源利益和生态利益权利化，可以形成环境权、排污权、资源权和生态保护地役权等具体权利形态。这些权利不仅有助于明确各方主体的权利和义务关系，也为法律保护提供了更为具体和明确的依据。同时，这些权利也反映了人类对环境、资源和生态价值的认知和尊重程度随着文明的演进而不断提升的趋势。在法学视角下，建设生态文明、实现环境良好最根本的就是要通过法律手段明确政府、企业和个人的环境保护职责和义务，切实维护公众的环境权益。

人们对自然资源的需求即产生所谓的资源利益，资源利益的权利化，即形成自然资源权（简称为"资源权"），具体包括自然资源所有权、自然资源攫取权、自然资源使用权和自然资源排用权等权利。

1. 自然资源所有权（资源所有权）

在中国特色社会主义的制度框架下，自然资源所有权被明确划分为自然资源国家所有权和自然资源集体所有权两大类别。国家所有权涵盖了诸如矿产资源、水资源等关乎国家安全和战略利益的重要自然资源，其所有权由国务院代表国家统一行使。为了有效管理这些资源，国务院有权授权其自然资源主管部门或相关省、自治区、直辖市人民政府直接负责特定资源的所有权行使，如石油天然气、贵重稀有矿产资源等。同时，为了确保管理的灵活性和效率，这些主管部门和地方政府还可以进一步委托下一级政府或部门代理行使所有者职责。

对于集体所有的自然资源，如耕地资源、森林资源、草原资源等，其所有权则归属于集体组织，体现了农村集体经济的特点和优势。这种所有权制度既保障了国家对于关键自然资源的控制力，又兼顾了农村地区的经济利益和社会稳定。

2. 自然资源攫取权（资源攫取权）

资源攫取权是指依法对国家和集体所有的自然资源进行开采、利用以获取资源性产品的权利。这种权利具有消耗性，因为它直接导致了自然资源的减少或改变。常见的资源攫取权包括采矿权、取水权、狩猎权、捕捞权和采伐权等。这些权利的行使必须严格遵守国家法律法规，确保资源的可持续利用和生态环境的保护。

3. 自然资源使用权（资源使用权）

资源使用权则是指利用自然资源作为载体或介质进行生产经营活动的权利，这种利用方式并不直接消耗自然资源本身，因此属于非消耗性利用。例如，土地承包经营权允许农民在土地上种植作物以获取收益；水域养殖权允许在水域中进行水产养殖；河道航运权则允许利用河道进行货物运输等。这些权利的设立旨在促进资源的合理利用和经济发展。

4. 自然资源排用权（排污权）

排污权是指排污单位在符合国家或地方规定的污染物排放标准及总量控制要求的前提下，经环保部门核定后，获得在一定期限内排放一定种类和数量污染物的权利。这是一种排放性利用自然要素环境容量的权利，如水体排污权和大气排污权等。为了降低污染治理成本、提高治理效率并灵活保护环境质量，可以推行排污权交易制度。然而，这一制度的实施需要满足一系列客观条件，包括先进的监测评估技术、严厉的环境违法责任追究机制、严格的环境监管执法以及成熟的市场经济条件等。

从属性和功能上看，自然资源所有权、攫取权、使用权和排污权均属于财产权的范畴，它们在不同程度上体现了对自然资源的占有、使用、收益和处分等权利。同时，由于自然资源与生态环境紧密相连，保护自然资源也在一定程度上保护了生态环境。因此，这些权利在行使过程中还需要兼顾环境保护的目标和要求。

对于生态利益的保护，虽然难以直接权利化形成所谓的生态权，但法律通过行政规制和设立生态保护地役权等方式提供了有效的保护手段。这些措施旨在确保生态环境的可持续性和人类社会的长远发展。

二、生态环境的内涵以及与自然环境、生活环境的概念辨析

（一）"生态环境"概念的学说评介和理论修正

关于"生态环境"这一概念的科学性和具体含义，学界一直存在争议，尽管立法和政策已经对此有所确认。这些争议主要围绕几种有代表性的学说展开：

生物环境说将生态环境聚焦于生物，认为它涵盖了所有影响生物生长、发育、生殖、行为和分布的自然要素，即生态因子。这一视角下的生态环境范围大于但小于广义的环境，后者还包括对生物无直接影响的外部因子。

自然环境说则将"生态环境"等同于"自然环境"，强调对人类生存发展有影响的自然因子及其相互关系。该学说认为，自然环境问题不包括噪声、炫光等人工环境问题。

良好环境说则将"生态"视为褒义词，意味着无污染和破坏的状态。因此，"生态环境"指的是环境质量优良且生态关系平衡的环境，即"eco-environment"。

由生态组成的环境说进一步细化了生态环境的定义，指出它是相对于生活环境而言的，特指以整个生物界为中心，直接或间接影响人类生活和发展的自然与人工因素构成的环境系统。此学说强调生态环境是与特定主体相互作用的生态关系空间，而非所有自然环境都是某类生物的生态环境。

生态和环境说则质疑"生态环境"一词的合理性，认为应将"生态环境"改为"生态和环境"或"环境与生态"，以更准确地表述其含义。

一分为二说则提出在实际应用中可以灵活处理"生态环境"一词，一般情况下使用"生态与环境"，在强调两者紧密关联时使用"生态环境"。

综合这些学说，我们可以将"生态环境"理解为以人类为中心，由生态因素和生态关系组成的环境系统。它不仅包括影响人类生存与发展的生物性（如动物、植物、微生物）和非生物性（如空气、水、土地、气候）生态因素，还涉及这些生态因素之间的相互联系和相互作用。与广义的环境概念相比，生态环境更侧重于通过生物与环境的关系来认识环境状况，因此判断起来更为复杂，不易形成明确的技术标准。

根据"一体三用"或"一体三面"的理论，我们不应将"生态环境"简单视为"生态"和"环境"的叠加，而应强调它们的相互交融和密不可分性。在环境保护和生态建设中，我们既要关注环境的生态属性，也要重视生态的环境功能，从系统性、整体性的角度出发。这意味着我们不能只关注环境而忽视生态，也不能只关注生态而忽视环境。例如，城市黑臭水体治理中应避免过度硬化河岸河底等破坏生态的做法；同时，在生态保护中也要合理开发其环境价值和资源价值，如发展生态旅游等，以实现生态的资本化。因此，"生态环境"概念的提出以及环境保护部改组为生态环境部，具有深远的历史意义，标志着我国在环境保护和生态建设方面迈出了重要一步。

（二）"生态环境"概念的局限性：须同时保留"生活环境"的概念

在探讨"生态环境"这一概念时，我们必须明确其虽具有开创性的意义，但并不能完全替代"环境"和"生态"这两个独立且重要的概念。

（1）从范围上来看，"生态环境"的界定相对狭窄，它既无法涵盖那些具有显著人工属性的"生活环境"，如建筑物的通风、采光、宁静等人居条件，也无法包含生态属性不突出的"自然环境"，如地下石油、煤炭、金属矿藏等自然资源，以及丹霞地貌、古化石地、冰川、岩浆、火山等自然奇观。尽管"生态环境"与"自然环境"在语义上常被混淆使用，但严格来说，它们并不等同。自然环境的外延更为广泛，涵盖了自然界中所有天然或经人工改造的自然因素，而生态环境则特指那些包含一定生态关系的自然环境，即只有那些与生物因素存在相互作用的自然环境才能被称为生态环境。因此，单纯由非生物因素构成的环境，若缺乏与生物因素的生态关联，便不能称之为生态环境。这意味着，破坏自然环境并不等同于破坏生态环境。

（2）"生态环境"概念的广泛使用可能模糊了"环境"与"生态"之间既相互关联又各自独立的辩证关系，忽视了它们各自独特的价值。这种模糊性不利于我们全面理解自然界的复杂性和多样性，也可能削弱对生态保护的重视。

（3）过度强调"生态环境"概念可能加剧"重环境，轻生态"的陈旧观念，即过于关注环境污染的治理而忽视生态系统的整体健康与平衡。这种倾向不利于补齐生态文明建设的生态短板，阻碍了生态文明建设的全面和协调发展。

然而，在实践中，由于认识上的局限性，我们往往未能严格区分"自然环境""生活环境"与"生态环境"这些近似概念，这在一定程度上影响了我们对自然和生态的科学认知与有效保护。因此，我们需要更加深入地理解这些概念之间的细微差别，以便在环境保护和生态治理中采取更加精准和有效的措施。

第二节　生态文明法学创新的主要模式

一、模式一：具化（Specialization）

环境法理创新的"具化模式"是一种独特的创新路径，它强调将传统法学的基本原理应用于生态文明的具体领域，通过因地制宜的细化和调整，以适应环境保护和生态文明建设的特殊需求，而无需对传统法理进行实质性的调整或补充。这种模式的核心在于为传统法理"穿上"绿色化、精细化的"外衣"，以适应特定领域或事务的特点，同时保留传统法理的"内核"不变。

在环境法理学领域，"具化模式"得到了广泛的应用。首先，在法学基础理论层面，法律关系原理被"具化"为生态法律关系，为分析生态文明领域中的权利义务关系提供了理论框架。其次，在宪法理论领域，国家义务的一般原理被"具化"为国家环境保护义务，为政府在环境保护中的责任和义务提供了明确的法律依据。在民法领域，合同法的原理被应用于环境资源利用和保护中的合同，形成了环境民事合同的法理，为环境资源的合理利用和保护提供了法律保障。

在行政法领域，"具化模式"同样发挥着重要作用。行政补偿原理被"具化"为生态保护补偿的环境行政法理，为生态保护工作提供了经济补偿机制。同时，行政监管中的"规范执行偏离效应"理论被引入环境执法领域，形成了环境行政的规范执行偏离效应理论，为批判规范主义、解析偏离效应的必然性和合理性提供了理论支持，并提出了通过监管体制改革、目标责任制、随机抽查、第三方监督等机制解决执行偏离问题的方案。

在刑法领域，法益理论、风险刑法理论、社会危害性理论等传统刑法理论被"具化"为环境法益、环境风险刑法、环境社会危害性等环境刑事法理，为环境犯罪行为的认定和处罚提供了法律依据。在诉讼法领域，支持起诉、督促起诉、司法鉴定等理论被"具化"为环境公益诉讼支持起诉、督促起诉理论和生态环境损害赔偿鉴定评估理论，为环境司法实践提供了有力的支持。

自环境法学诞生以来，"具化模式"一直是全球环境法学理论创新的主要模式之一，特别是在环境行政法、环境宪法和环境刑法领域。然而，就我国而言，当前的环境法学研究仍主要集中在"具化模式"这一初级阶段，未来需要进一步加强理论创新和实践探索，以推动环境法学的深入发展。

二、模式二：改良（Improvement）

（一）对民法理论的"改良"

在环境民事法律体系中，自然资源国家所有权、环境保护地役权以及环境侵权责任中的无过错责任原则与因果关系推定，共同构成了"改良"模式的鲜明代表，它们不仅体现了对传统法律制度的革新，也彰显了环境保护与生态治理的现代化理念。

1. 对所有权理论的"改良"

在物权法的所有权理论中，自然资源国家所有权作为一种特殊的所有权形式，其设立旨在落实全民所有制，确保自然资源的合理与可持续利用。相较于传统物权所有权，自然资源国家所有权展现出诸多独特属性：

（1）权利客体的特殊性：自然资源，如矿藏、水流等，具有不确定性（如状态结构多变）、难以分割性（如水资源难以按份额划分）、难以独占性（如公共资源难以由单一主体独占）、生态整体性（如河流系统）、流动性或运动性（如野生动物迁徙）、生命性（如野生动植物具有生长繁殖能力）等特征，这些特性使得自然资源国家所有权在行使过程中需考虑更多生态与环境因素。

（2）权利主体的权威性：作为权利主体，国家不仅拥有传统物权所有者所不具备的权威性，还具备通过征收、赎买、置换等手段从集体和个人手中获取自然资源的能力，以确保国家所有权的实现。

（3）权利内容的多样性：国家行使自然资源所有权的方式多样，既包括直接开发利用自然资源以提供公共产品和服务，也包括通过设立自然资源用益权（如探矿权、采矿权、取水权等）和收取有偿使用税费来间接实现所有权，这体现了国家对自然资源管理的灵活性和高效性。

（4）权利行使主体的多样性：国家并不直接行使自然资源所有权，而是通过授权各级人民政府及其自然资产管理机构分级行使，这种多层级、多样化的行使主体结构有助于确保自然资源的有效管理和保护。

（5）法律责任的特殊性：对于因自然灾害等不可抗力导致的自然资源损害，国家通常不承担侵权责任，而可能仅承担补偿责任，这体现了国家对自然灾害等不可抗力因素的合理豁免。

（6）法律保护的综合性：国家通过公法手段（如行政规划、行政许可、行政处罚等）和私法手段（如自然资源损害赔偿诉讼）对自然资源进行全面保护，确保自然资源的可持续利用。

（7）救济途径的多样性：当自然资源受到损害时，地方政府可通过提起自然资源损害赔偿诉讼，检察机关可通过提起民事公诉等方式进行司法救济，为自然资源的保护提供了多层次的法律保障。

自然资源国家所有权在理论上是对传统所有权理论的"改良"性创新，它充分考虑了自然资源的特殊性和环境保护的需求，为自然资源的合理开发和可持续利用提供了有力的法律支撑。

2. 对用益物权理论的"改良"：自然保护地役权

在用益物权领域，自然保护地役权作为一种创新的制度设计，旨在以较低的成本实现对自然资源和生态环境的保护。这一制度通过当事人约定或法律规定，赋予国家、公共事业单位或公众以支付有偿使用费为代价，要求不动产权利人承担额外的环保负担或容忍不利影响。自然保护地役权在环境法中的具体表现形式多样，包括环境保护地役权、自然资源保护地役权等，它们共同构成了自然保护地役权的制度体系。

自然保护地役权相较于传统地役权具有显著的"改良"特征：

（1）合同性质的转变。自然保护地役权合同属于行政合同范畴，而传统地役权合同则属于民事合同，这一转变体现了自然保护地役权在行政管理中的特殊地位和作用。

（2）主体身份的特殊性。自然保护地役权的主体通常为负有自然保护监管职责的行政机关，而传统地役权的主体则多为对需役地享有所有权或使用权的自然人。这种主体身份的转变有助于加强自然保护地役权的执行力度和监管效果。

（3）法权性质的双重性。自然保护地役权兼具民事权利和行政权力的双重属性，是一种行政法上的公物权；而传统地役权则属于典型的民事权利中的用益物权。这种双重属性使得自然保护地役权在行使过程中能够兼顾环境保护与私人财产权益的平衡。

（4）设立条件的灵活性。自然保护地役权的设立并不严格依赖于具体的需役地存在，这一灵活性使得自然保护地役权能够更广泛地适用于不同类型的自然资源和生态环境保护场景。

自然保护地役权的制度价值在于其能够以较低的成本实现对自然资源和生态环境的有效保护，同时避免了对供役地的高额征收、置换或租赁成本。这种制度设计既有利于环境公益的实现，又能够兼顾财产私益的保护，因此在国际上受到了广泛关注和高度重视。

3. 对侵权法理论的"改良"

环境侵权领域的理论"改良"则更为典型。鉴于环境污染的累积性、污染致害的间接性、原告的弱势性等特殊性，将传统侵权法中的归责原则理论（坚持过错原则）和因果关系理论直接"应用"于环境侵权救济显失公平，从而"改良"为以无过错责任原则和因果关系推定为基础的环境侵权责任理论。

（二）对行政法理论的"改良"

在环境行政领域中，环境风险规制与"区域限批"策略是"改良"模式的典范，体现了对传统行政规制理论的创新与发展。

环境风险规制针对环境风险的客观性和严重性，对传统"面向确定性的决定"的行政规制方式进行了改良。面对具有重大环境风险的环境资源开发利用行为，如重化工企业在敏感区域的建设、污染场地的再开发利用等，传统的确定性规制方法显得力不从心。因此，环境风险规制引入了风险识别、风险评估、风险管控、风险治理及其后评估等一系列手段，旨在通过更加全面和系统的风险管理方式，实现谨慎预防的目的，确保环境资源开发利用活动的安全性和可持续性。

另一方面，"区域限批"策略则是对传统项目规制理论的一次重要改良。针对一些地方盲目追求经济发展，忽视环境容量和生态承载力，过度发展高污染、高耗能产业和项目的问题，传统的单个项目环评审批方式已难以有效遏制这种发展冲动。因此，"区域限批"策略提出，在特定行政区域或行业内，对新增的污染环境、破坏生态的建设项目一律暂停审批，直至该区域或行业完成整改。这种策略有效地解决了区域性或行业性的整体环境违法问题，确保了环境保护与经济发展的协调与平衡。

环境风险规制与"区域限批"策略共同构成了环境行政领域中的"改良"模式，它们通过对传统规制理论的创新与发展，为应对复杂多变的环境问题提供了更加科学、有效的解决方案。

（三）对刑法理论的"改良"

在环境刑事领域，盗伐林木罪和重大环境污染事故罪是对传统刑法理论进行"改良"的显著例证。传统上，盗窃罪的犯罪客体主要集中在财物的经济价值上，然而林木不仅具有经济价值，更承载着重要的生态价值。因此，将盗窃罪直接应用于盗伐林木行为，显然忽视了林木的生态价值，不利于对森林资源的全面保护。为了弥补这一不足，刑法理论进行了"改良"，通过增设盗伐林木罪，将林木的经济价值和生态价值均纳入犯罪客体范畴，从而实现了对盗伐林木行为的全面打击和对森林资源的有效保护。

同样地，重大环境污染事故不仅会导致人身损害和财产损失，还会引发严重的环境污染后果。如果简单地将重大责任事故罪的原理应用于环境污染事故，将忽视环境污染本身所造成的严重后果，从而纵容那些虽未造成直接人身损害和财产损失，但已严重污染环境的违法行为。为此，刑法理论再次进行了"改良"，通过增设重大环境污染事故罪，将人身利益、财产利益和环境利益共同列为犯罪客体，确保了对环境污染行为的严厉打击和对环境利益的充分保护。

这两种罪名的设立，不仅体现了对传统犯罪客体理论的"改良"性创新，更彰显了刑法在环境保护领域的积极作用。它们将生态利益和环境利益提升至与人身利益、财产利益同等重要的地位，形成了补充环境犯罪客体理论，为环境刑事司法提供了坚实的理论基础。

（四）对诉讼法理论的"改良"

在环境诉讼领域，我国推行的生态环境损害赔偿制度改革，特别是其中由地方政府主导的生态环境损害赔偿磋商机制，是对传统诉讼法理论的又一次"改良"性创新。这一机制不仅丰富了环境诉讼的解决途径，更在调解与和解的基础上，加强了公法规制，确保了国家和社会公共利益不受侵害。

该磋商机制的核心在于通过协商方式解决因环境污染或生态破坏引发的损害赔偿问题。在这一过程中，地方政府作为赔偿权利人，其角色至关重要。然而，与传统的调解与和解机制相比，这一磋商机制在多个方面进行了优化与创新。首先，地方政府的处分权受到了严格的法律约束，确保其在磋商过程中不会随意处置或放弃关键赔偿事项，从而维护了公共利益的长期性和稳定性。其次，该机制强调程序正义与透明度，确保所有利益相关方都能充分参与并表达意见，同时磋商结果需公开透明，接受社会监督。再次，该机制注重赔偿效果的可执行性与可持续性，通过明确赔偿责任和赔偿方式，确保受损生态环境得到及时有效修复，并加强赔偿资金的管理和使用监管。最后，这一机制的实施促进了政府、企业和社会公众之间的多方合作，共同构建了环境治理的合力体系。

这些创新举措不仅提升了环境诉讼的效率和公正性，更为我国环境保护事业的发展提供了有力的法律保障。通过不断完善和创新环境诉讼制度，我们有信心在保护生态环境、维护公共利益方面取得更加显著的成效。

三、模式三：革命（Revolution）

（一）对法学基础理论的"革命"：调整论

1. 环境法调整对象的特殊性

具体而言，针对野生动物外来物种入侵的法律规制，实际上蕴含了调整论意义上的三层递进式调整机制，这些机制共同构成了应对外来物种入侵问题的法律框架。

第一层调整机制聚焦于"人–自然"的关系调整。这一层面的法律规制直接针对的是"引进行为人（特定主体）–外来物种"的关系。通过规范人类的物种引进行为，法律旨在预防和控制外来物种的非法或不当引入，从而保护本地生态环境免受潜在威胁。这一机制的核心在于通过法律手段约束人的行为，防止因人为因素导致的外来物种入侵，体现了环境法对人与自然和谐共生理念的践行。

第二层调整机制则深入到"自然—自然"的关系层面。虽然表面上看似调整的是人与外来物种的关系，但实质上，法律规制更深层次地关注着"外来物种—本地物种"之间的相互作用与影响。通过防止外来物种对本地物种造成危害，法律旨在维护生态系统的平衡与稳定。例如，巴西龟等外来物种的入侵，不仅与本地物种争夺生存资源，还可能大量捕食本地小型生物，对生态系统造成破坏。因此，这一层面的法律规制旨在通过调整外来物种与本地物种的关系，保护生态系统的完整性和多样性。

第三层调整机制进一步拓展至"自然—人"的关系范畴。通过规范人类行为、调整外来物种与本地物种的关系，法律最终旨在保护"本地物种—本地人（特定或不特定主体）"之间的利益关系。这意味着，法律不仅关注生态系统的平衡，更重视生态系统对人类社会的持续贡献。当外来物种对本地物种构成威胁时，这种威胁最终可能转化为对人类社会的人身和财产损害。因此，法律通过调整外来物种入侵问题，间接地保护了人类社会的利益和安全。

从整个调整过程来看，法律通过约束和控制人类引进外来物种的行为，促使生态系统保持动态平衡状态，从而确保本地物种能够持续满足人类的正常需求。以巴西龟入侵为例，法律对巴西龟引进行为的规制，表面上看似调整的是人与巴西龟的关系以及巴西龟与本地物种的关系，但实质上是在调整巴西龟引进人与引进地人之间的利益关系。这是因为巴西龟的引进可能对本地物种构成威胁，进而对当地社会造成不利影响。

应对外来物种入侵的法律调整机制实际上构成了一个"人—自然（外地物种和本地物种）—人"的新范式。这一范式不同于传统法律（如合同法、婚姻法）中"人—人"的简单直接调整模式。在环境法中，自然作为连接人与人之间法律关系的媒介，具有高度的复杂性。这种复杂性不仅体现在自然要素的多样性、结构的复杂性、属性的多元性以及功能的多样性上，还体现在环境问题本身的滞后性、累积性、复合性、广泛性等特性上。因此，在应对外来物种入侵等环境问题时，法律需要综合运用多种手段，对"人—自然—人"的关系进行全面、深入的剖析和调整。

2."自然体权利论"和"非人类中心主义论"的荒谬性

将自然体上升为法律主体，并授予其环境方面的法律权利，这一做法在实践中面临着显著的理论难题和逻辑困境。

首先，它无法合理解释为何法律只选择性地保护部分自然体，如国家重点保护野生动物，却忽视了那些对人类可能无用甚至有害但同样濒危的自然体，如某些昆虫。这种选择性保护在逻辑上难以自洽，因为无法提供一个普遍适用的标准来确定哪些自然体应当受到法律保护。

其次，将自然体视为法律主体并赋予其环境权利，这种做法偏离了环境保护的初衷和环境法的根本目的。环境法的核心目标并非单纯保护自然体本身，而是维护公众的环境权益，确保人类社会的可持续发展。法律调整"人—自然"关系的实质，在于保护那些作为环境、资源和生态要素的自然体，进而保障公众的环境权、资源权和排污权等合法权益。例如，对野生动物的保护并非出于保护动物本身或其所谓的权利，而是为了实现野生动物资源的可持续利用，维护生态平衡，以及尊重人类的情感利益和生态伦理秩序。

因此，将自然体上升为法律主体并赋予其环境权利的做法，可能会陷入"为环保而环保"的极端误区，对人类社会发展造成潜在危害。实际上，环境保护应当被视为一种工具性手段，其根本目的在于保护人的环境权益，而这种保护也需要在与其他正当权益（如生存权和发展权）之间寻求平衡和协调。换言之，环境保护应当是相对且有限度的，而非绝对和不可调和的。

（二）对民法理论的"革命"

在环境民事领域，最为显著且富有"革命性"的理论创新，无疑是关于环境权、资源权和排污权的新型权利理论的提出。这些新型权利理论的诞生，标志着民法理论在应对环境问题时的深刻变革与拓展。

首先，环境权的创设，是对传统人格权和财产权法理的重大"革命"。尽管通过"改良"传统人格权和财产权法理，如创设"环境权人格权"或"环境相邻权"等概念，能够在一定程度上回应环境保护的需求，但这些概念仍难以全面、有效地保护公民享用良好环境的权利。环境权的提出，则直接以良好环境作为权利对象，赋予了公民在环境污染和生态破坏尚未造成实际人身和财产损失时，即可基于环境权遭受侵害为由，对造成环境损害的民事行为和行政行为提起诉讼的权利。环境权作为一项独立、新型的权利，不仅补充和丰富了以人身权和财产权为核心的传统权利理论，更使得司法手段能够更早地介入环境侵害的预防和救济之中，减轻了原告在环境侵权诉讼中的举证责任，尤其是关于因果关系的证明责任，对于环境保护具有深远的理论和现实意义。

其次，资源权的提出，则是对传统用益物权理论的"革命"。传统用益物权理论难以涵盖对矿藏、林木、水源等自然资源进行消耗性利用（如采矿、采伐、取水等）的权利，也无法适用于对环境容量进行排污利用的情形。资源权的创设，特别是资源攫取权的明确，如采矿权、采伐权、狩猎权、捕捞权、取水权等，以及对排污权的法理阐释，有效地解决了这一问题。这些新型权利的确立，不仅拓展了财产权的内涵和外延，也为生态文明领域形成了以环境权、资源权和排污权为核心范畴的环境法学权利理论和权利话语奠定了坚实基础。

（三）对行政法理论的"革命"

在环境行政领域，面对环境违法行为（尤其是排污行为）的持续性、长期性和累积性等特殊性，传统行政处罚原理显得力不从心。为了有效应对这些挑战，行政法理论必须进行"革命"，创设出"按日连续处罚"这一新型处罚方式。这一处罚方式既可作为秩序罚，适用于违反初级义务的情形（如"无证排污""超标排污"等），也可作为执行罚，针对违反次级义务的行为（如未按照"责令限期治理""责令改正"等要求采取矫正措施)进行处罚。"按日计罚"的引入,不仅是对传统非持续行政处罚理论的重大创新,更是形成了持续行政处罚理论,为有效遏制环境违法行为提供了有力的法律武器。

(四)对刑法理论的"革命"

在环境刑事领域,传统犯罪客体理论在面对尚未造成重大人身损害和财产损失的严重污染环境或破坏生态行为时显得捉襟见肘。为了全面解决这一问题,刑法理论必须进行"革命",将纯粹的环境利益和生态利益列为刑法所保护的独立法益。污染环境罪和破坏生态罪的创设,正是这一"革命"性变革的具体体现。通过设立污染大气罪、污染水体罪、污染土壤罪等污染环境类罪名,以及破坏重要生态功能区罪、破坏生态敏感区罪等破坏生态类罪名,刑法不仅填补了传统犯罪客体理论的空白,更将环境保护提升到了前所未有的高度,形成了新型环境犯罪客体理论,为严厉打击环境犯罪行为提供了坚实的法律基础。

(五)对诉讼法理论的"革命":环境公益诉讼原告资格的创新构建

在环境诉讼领域,传统诉讼法学的正当当事人理论在面对环境公共利益受损的情况时显得力不从心,因为这类损害往往没有明确的私人受害者(即尚未发生私人的财产损失和人身损害)。为了有效解决这一问题,我们需要对传统诉讼法学进行一场"革命",革新原告资格理论,以适应环境公益诉讼的特殊需求。具体而言,这一"革命"体现在以下几个方面。

(1)赋予环保组织以原告资格。基于公民环境权和诉讼信托理论,我们赋予环保组织提起环境公益诉讼的原告资格。这一举措的理论依据在于,环保组织作为公众利益的代表,有权为维护环境公共利益而提起诉讼。然而,需要注意的是,由于环保组织的诉权来源于诉讼信托,并非基于自身权利而获得,因此其处分权(如自认权、调解权、撤诉权等)应受到一定限制,以防止滥用诉权或损害公共利益。

(2)赋予政府及其自然资产管理机关以原告资格。以自然资源国家所有权和国家生态文明建设义务为理论依据，我们赋予有关政府及其自然资产管理机关提起国有自然资源损害赔偿诉讼（自然资源国益诉讼）的原告资格。由于自然资源与生态环境之间存在共轭性，因此自然资源损害赔偿诉讼中也可提出修复生态环境的诉讼请求。此外，这一安排也有助于我们理解为何政府及其自然资产管理机关在提起诉讼前需要履行一定的诉前程序（如责令环境资源违法利用者停止违法行为、治理环境、修复生态等），以及为何这既是一项权利，又是一项义务（职责）。

（3）赋予环保机关以原告资格。基于责令修复生态环境之行政命令的司法执行理论，我们赋予环保机关（负有环境保护职责的地方政府及其环保部门）提起所谓的"生态环境损害赔偿诉讼"（实为生态环境修复诉讼）的原告资格。这一举措旨在确保环保机关能够依法履行环境保护职责，通过司法途径强制违法者承担修复生态环境的责任。

（4）赋予检察机关以替补原告资格。以社会契约论、国家生态文明建设义务和检察公诉权（民行公诉权）为正当性依据，我们赋予检察机关提起公益诉讼的替补原告资格。这意味着在环保组织、政府及其自然资产管理机关、环保机关均未提起诉讼的情况下，检察机关可以作为最后的救济手段，依法提起环境公益诉讼。同时，这一安排也解释了为何检察机关在提起诉讼前需要遵循一定的诉前程序（如督促有关环保部门履行监管职责，敦促有关环保组织提起公益诉讼），以确保诉讼的合法性和有效性。

通过上述"革命"性举措，我们成功构建了环境公益诉讼原告资格的理论体系，为有效维护环境公共利益提供了坚实的法律保障。

四、模式四：整合（Integration）

（一）生态文明"法律种群"之间的衔接配合研究（制度衔接）

1. 环境法律责任追究的"行刑衔接"

在环境法律责任追究中，"行刑衔接"是确保违法行为得到恰当处罚的关键机制，它涵盖了实体法和程序法两个层面的衔接。

实体法上的"行刑衔接"涉及行政处罚与刑事处罚的协调。行政处罚与刑事处罚是针对违法行为的不同严重程度而设立的两种惩戒措施。尽管两者在性质上截然不同，但在实践中，如何明确界定行政处罚与刑事处罚的适用边界，确保两者之间的顺畅衔接，一直是理论研究和司法实践中的难题。对于严重污染环境的行为，如何准确判断其是否达到刑事处罚的标准，以及如何避免行政处罚与刑事处罚之间的重复处罚或处罚不足，都是亟待解决的问题。

程序法上的"行刑衔接"则关注行政执法与刑事司法之间的顺畅对接。这包括行政执法机关在发现疑似刑事犯罪案件时及时移送刑事侦查机关，以及刑事侦查及审查起诉机关在案件不构成犯罪但需要行政处罚时移送行政执法机关。然而，在实际操作中，偶尔会出现怠职移送、有案不移、有案拒接等问题，这严重阻碍了"行刑衔接"的有效实施。为了加强"行刑衔接"，需要建立更加完善的案件移送机制、信息共享机制和监督制约机制，确保行政执法与刑事司法之间的无缝对接。

2. 生态环境治理责任的"行民衔接"

在生态环境治理中，"行民衔接"是指行政手段与民事诉讼手段在治理责任上的协调与配合。对于已经遭受污染或破坏的生态环境，是否应一律采用行政手段进行治理，还是需要通过提起生态环境损害赔偿诉讼进行救济，这是一个备受争议的问题。

行政手段如"责令限期采取治理措施""责令消除污染"等，在生态环境治理中发挥着重要作用。然而，这些行政手段的实施往往受到一定条件的限制，如行政法律关系必须相对清晰、行政相对人具体明确、有确凿的证据支撑等。当这些条件无法满足时，行政手段的实施就会受到阻碍。

相比之下，民事诉讼手段如生态环境损害赔偿诉讼，在治理生态环境损害方面具有一定的灵活性和补充性。当行政手段无法有效解决问题时，民事诉讼手段可以作为必要的补充，通过司法途径追究污染者的民事赔偿责任，实现环境损害的填补和生态环境的恢复。

在"行民衔接"中，需要明确行政权和司法权的职能分工和宪法定位，合理界定公法治理义务和民事赔偿责任的边界。同时，还需要建立有效的协调机制，确保行政手段和民事诉讼手段在生态环境治理中的相互配合和补充，共同推动生态环境的保护和修复工作。

"行刑衔接"和"行民衔接"在环境法律责任追究和生态环境治理中发挥着重要作用。为了确保这些机制的顺畅实施和有效运行，需要不断完善相关法律法规和政策措施，加强部门之间的沟通协调和合作配合，共同推动环境保护和生态文明建设的深入开展。

3. 环境行政公益诉讼中的"行检衔接"机制深化解析

在环境行政法治的广阔舞台上，环境行政权与检察权各自扮演着不可或缺的角色，共同编织着生态环境保护的严密网络。环境行政权，以其多样化的行政措施——行政规划、行政许可、行政命令、行政强制、行政处罚等，如同精准的手术刀，精准地"切割"着环境问题，致力于生态环境的保护与修复。而检察权，则以其独特的法律监督职能，通过诉前程序中的检察建议以及环境行政公益诉讼这一"革命性"工具，对行政权的行使进行严格的监督与引导，确保其在法治轨道上稳健前行。

然而，在这场协同作战中，如何确保行政权与检察权的顺畅衔接，成为了一个亟待解决的关键问题。这要求我们在"整合"模式的框架下，明确界定行政权与检察权的边界，既保障行政权的自主性与灵活性，又确保检察权的有效监督与适时干预。

具体而言，检察机关在诉前程序中审查行政履职行为时，应兼顾"行为标准"与"结果标准"，避免片面追求结果而忽视行政过程的合理性与合法性。特别是在以下四种情形下，检察机关应审慎行使权力，避免不当干预行政权的正常行使：

（1）当行政机关在履行职责过程中依法行使自由裁量权时，检察机关应尊重行政机关的专业判断与决策，不得随意干涉。自由裁量权是行政机关根据具体情况灵活应对复杂多变环境问题的关键工具，其合理行使对于实现行政目标至关重要。

（2）若行政机关已采取足以保护环境公共利益的行政措施，且尚在法定履职期限内，检察机关应给予行政机关充分的时间与空间去落实措施、达成目标。此时提起环境行政公益诉讼，不仅可能干扰行政程序的正常进行，还可能造成司法资源的浪费。

（3）面对非行政机关所能控制或克服的客观因素导致的环境公共利益受损情况，只要行政机关已依法积极履职，即使未能完全消除环境损害，检察机关也应秉持"尽职免责"原则，避免对行政机关进行不当追责。例如，因极端天气等不可抗力导致的环境问题，行政机关虽已尽力但难以完全避免损害结果时，应得到理解与支持。

（4）在行政机关已采取必要行政措施并申请非诉执行以保护环境公共利益，但损害仍持续存在的情形下，检察机关应理性判断行政行为的合理性与有效性。若行政机关已尽到监管职责并寻求法律途径解决问题，检察机关不宜轻易提起环境行政公益诉讼，而应关注后续的环境修复与赔偿工作，必要时可通过环境民事公益诉讼来推动问题的解决。

环境行政公益诉讼中的"行检衔接"机制，既是对行政权与检察权关系的深刻审视，也是对生态环境保护法治化路径的积极探索。通过明确权力边界、强化沟通协调、完善监督机制，我们有望构建更加和谐高效的"行检"合作体系，为生态环境保护事业提供坚实的法治保障。

（二）生态文明"法律群落"的体系化研究（制度体系）

1. 功能结构意义上的"法律群落"

在功能结构的意义上，"法律群落"可以被视为一个高度复杂且相互交织的法律生态系统，其中包含了宪法、环境保护法及其配套法规、资源管理法、生态补偿机制、环境影响评价制度以及公众参与机制等多个法律元素。这些法律元素不仅各自独立，在生态文明建设中发挥着不可或缺的作用，而且它们之间还相互关联、相互促进，共同构建了一个有机统一、协调发展的生态文明法律体系。

宪法作为国家的根本大法，为生态文明法律体系的建立提供了根本的指导和保障。其中关于生态文明的基本原则和规定，如"尊重自然、顺应自然、保护自然"的生态文明理念，以及"绿水青山就是金山银山"的发展理念，为生态文明法律体系的制定和实施提供了坚实的理论基础。这些原则不仅引领着生态文明建设的方向，也确保了生态文明法律体系在宪法框架内的合法性和正当性。

环境保护法及其配套法规是生态文明法律体系的核心组成部分。这些法律法规详细规定了环境保护的基本原则、制度、措施等，为生态环境保护提供了全面而具体的法律保障。通过明确环境保护的任务、原则、制度和措施，环境保护法为环境保护工作提供了清晰的指导和规范，确保了环境保护工作的有序开展和有效实施。

资源管理法在生态文明法律体系中扮演着重要的角色。它通过规范资源的开发利用行为，促进资源的节约、集约和循环利用，为生态文明建设提供了坚实的资源保障。同时，生态补偿机制作为资源管理法的补充和完善，通过经济补偿等手段激励生态保护行为，促进了生态保护和经济社会发展的良性循环。

环境影响评价制度在生态文明法律体系中同样占据着举足轻重的地位。它通过科学评估建设项目对生态环境的影响，为预防和控制环境污染和生态破坏提供了科学依据。环境影响评价制度的实施，确保了建设项目在符合生态环境保护要求的前提下进行，为生态文明建设提供了有力的制度保障。

公众参与机制是生态文明法律体系不可或缺的一部分。它赋予了公民、法人和其他组织在生态环境保护中保障人民的知情权、参与权、表达权、监督权，增强了生态文明建设的民主性和透明度。通过公众参与机制的实施，可以激发社会各界对生态文明建设的关注和支持，形成全社会共同参与生态文明建设的良好氛围。

"法律群落"在生态文明法律体系中发挥着至关重要的作用。各个法律元素之间相互关联、相互作用，共同构成了一个有机统一、协调发展的生态文明法律体系。这一法律体系不仅为生态环境保护提供了全面的法律保障，也为经济社会发展与生态环境保护之间的协调平衡提供了有效的制度支撑。未来，随着生态文明建设的深入推进和法治体系的不断完善，"法律群落"的体系化研究将更加深入和全面，为构建人与自然和谐共生的美好家园提供更加坚实的法治保障。

2. 法律规范意义上的"法律群落"

从法律工具（法律规范）的多样性和系统性出发，我们可以将生态文明法律系统划分为环境宪法、环境民法、环境行政法、环境刑法和环境诉讼法等多个"法律群落"。这些法律群落相互关联、相互作用，共同构成了生态文明法治建设的坚实基础。

在加强生态文明行政"法律群落"的研究中，我们的目标是从行政手段体系的高度出发，深入探讨生态文明领域的行政规划、行政许可、行政强制、行政补偿、行政处罚、行政合同、行政服务、行政激励、行政调处、行政监督、行政问责等一系列问题。这并非局限于某一具体行政手段的研究，而是从更宏观的角度审视整个行政手段体系在生态文明建设中的作用与局限。例如，我们需要分析《中华人民共和国野生动物保护法》中为何未规定查封、扣押的行政强制措施，以及《中华人民共和国森林法》中为何未引入按日计罚的执行罚制度，进而探讨这些法律规范的缺失是否会影响生态文明建设的实际效果，并考虑未来是否需要通过修法来增设相关规定。

此外，从法律群落的视角来看，生态文明法律体系的构建还需要综合考虑宪法制度、民法制度、行政法制度、刑法制度和诉讼法制度等多种法律制度类型的协同作用。以环境权的保障和环境诉讼原告的构建为例，我们可以进一步阐释如何构建法律工具意义上的"法律群落"。

在环境权"法律群落"的设计中，我们需要解决一系列法律分工和衔接整合问题。首先，要明确环境权是否需要宪法的保护，并在立法权、行政权、司法权和监察权上具体落实保护措施。其次，要探讨环境权的私法化问题，包括其必要性、可能性及实现方式。具体而言，我们需要研究私法化的环境权如何取得和行使，并协调好环境权与资源权、排污权之间的权利冲突。同时，我们还需要关注环境权的行政保护条件、功能局限及其与环境知情权、环境参与权和政府环境责任之间的关系。在司法救济层面，我们需要明确环境权的司法救济与环境公益诉讼之间的关系，以及环境权诉讼与传统环境侵权诉讼之间的协调机制。最后，我们需要构建一套完整的环境权制度，实现环境权的取得、行使、保护和救济等方面的体系化设计。

在生态文明公益诉讼"法律群落"（起诉主体的制度体系）的设计中，我们需要考虑多种起诉主体的角色和定位。首先，具备环境权、相应能力和守法记录的公民可以提起环境权诉讼，根据起诉对象的不同可分为环境权民事诉讼、环境权行政诉讼和环境权宪法诉讼等形式。其次，当环境权人不愿或不能起诉时，可通过诉讼信托机制授权环保组织提起环境公益诉讼以保护公民环境权益。此外，对于国有和集体所有的自然资源及其生态环境受损的情况，地方政府及其职能部门可基于自然资源国家所有权和生态环境公共地役权提起相应的诉讼。在行政穷尽原则下，若政府部门仍无法保护生态环境公共利益，则可采取责令修复、赔偿修复费用或提起生态环境损害赔偿诉讼等措施。最后，检察机关在履行诉前程序后，若环境资源公共利益仍未得到救济，可基于国家生态文明建设义务和民事行政公诉权提起自然资源检察国益诉讼和生态环境检察公益诉讼。

值得注意的是，当前《生态环境损害赔偿制度改革方案》在概念界定和诉讼性质上存在模糊之处。该方案未明确区分"生态环境"和"自然资源"的概念，也未明确生态环境损害赔偿诉讼和自然资源损害赔偿诉讼的实体权利基础和诉讼法理依据。因此，建议对方案进行调整和完善以明确相关概念和诉讼性质。从理论上看，《生态环境损害赔偿制度改革方案》所规定的生态环境损害赔偿诉讼实际上是国有自然资源损害赔偿诉讼和生态环境修复诉讼的合体。只有以国家自然资源所有权为权利基础的相关主体才有权提起自然资源损害赔偿诉讼。同时，我们也需要清晰区分生态环境损害赔偿诉讼和自然资源损害赔偿诉讼以避免混淆。

（三）生态文明"法律系统"的体系化研究

环境法理创新的整合模式在宏观层面聚焦于"法律系统"的设计与优化，旨在构建一个全面覆盖、结构完整、运转协调且功能高效的生态文明"法律系统"。这一系统以生态文明观为基础，融合了宪法、民法、行政法、刑法、诉讼法等五大法律规范，并结合环境法（狭义）、资源法、生态法等三大"法律群落"，共同构成了环境法律体系。

然而，当前的生态文明"法律系统"面临两大突出问题。首先，各"法律群落"之间的发展存在不均衡现象，具体表现为"重环境，贵资源，轻生态"的失衡格局，以及"重行政，轻民事""重义务，轻权利""重实体，轻程序"等立法倾向，亟需通过补强生态法、环境民事法、环境权利法及环境程序法等方面的立法来加以纠正。其次，各"法律群落"之间的沟通与融合尚不充分，存在各自为政、缺乏协调的问题，特别是在环境法、资源法与生态法之间，往往出现顾此失彼的情况，如对资源的开发利用与生态保护之间的平衡被忽视，影响了法律系统的整体效能。因此，未来的努力方向应在于促进各"法律群落"之间的均衡发展，并加强它们之间的沟通与融合，以实现生态文明"法律系统"的和谐统一与高效运转。

（四）生态文明"法律圈"的体系化研究

环境法理创新整合模式的第四种情形，强调了在法律体系的宏观视角下审视环境法与传统部门法如宪法、民法、行政法、刑法、诉讼法、经济法等的关系。这一视角超越了环境法本身，将环境法视为法律体系中的一个有机组成部分，与其他部门法相互交织、相互影响。

（1）关于环境法的属性地位及其在整个法律体系中的结构组成，我们需要明确的是，环境法并非由单一的法律规范构成，而是由宪法规范、民法规范、行政法规范、刑法规范、诉讼法规范等多种法律规范混合而成。这种混合并非无序的拼凑，而是基于社会关系的调整需要和不同法律规范的制度功能，按照特定的法理逻辑分类组合而成。这种组合使得环境法成为一个具有统一结构和功能的整体，类似于物权法中的"附合"概念，即不同部分结合成为一个不可分割的整体。因此，在认识论和方法论上，我们可以从多个角度来认识和优化环境法，但在结构论和功能论上，环境法不能被简单地拆解为独立存在的环境宪法、环境民法、环境行政法、环境刑法和环境诉讼法等亚部门法。

（2）关于如何认识和推进传统部门法的生态化，我们需要深入理解法律生态化的内涵和必要性。法律生态化旨在按照生态规律的要求对其他部门法进行改造，使其包含环境法律规范，从而与环境专门法共同构成一个完整的生态文明立法体系。由于法律制定的部门法分立和立法研究的学科分化，导致传统部门法中可能缺乏相应的环境法律规范，或者存在与环境专门法衔接不畅、不一致甚至冲突的情况。因此，我们需要对宪法、民法、行政法、刑法、诉讼法、经济法等传统部门法进行生态化改造，确保所有环境法律规范能够构成一个全面、协调、一致的整体。

在这一过程中，我们面临着诸多挑战。传统的法律体系构成理论往往采用二元、双重、二维的思维模式，难以全面解释具有复杂结构和多重逻辑的法律体系。因此，我们需要跳出部门法学的狭隘思维，打破学科藩篱和知识壁垒，以整体性视野和系统性思维来审视和重构法律体系。这不仅要求我们对环境法自身的知识和原理有深入的理解，还需要我们熟悉和掌握其他部门法的知识和原理，以实现法律体系的协调与统一。

中国环境法学在这一方面有着独特的优势和潜力。通过跳出传统法律体系理论的桎梏，打通不同部门法学的经脉，中国环境法学有望取得法理上的重大突破，为构建更加科学、合理、协调的法律体系做出原创性、普适性、历史性和全球性的贡献。这不仅有助于推动中国生态文明建设的法治化进程，也将为全球环境法治理提供有益的借鉴和启示。

第五章　环境权的法律框架

第一节　环境权的内涵和属性

一、环境权的基本内涵：仅指良好环境权，不包括资源权、排污权和自然保护地役权

（一）环境权不包括资源权和排污权

广义环境权说主张环境权是一个综合性的概念，涵盖了与环境相关的各种实体权利，具体包括了以下几个方面。

（1）良好环境权（狭义环境权）。这一权利关注公民对清洁、健康环境的享受，具体涵盖了清洁空气权、清洁水权、环境审美权（如景观权）、宁静权、眺望权、通风权、日照权等。这些权利不仅体现了人们对基本生活环境的需求，也反映了人们对美好生活的向往和追求。通过保障这些权利，可以确保公民在日常生活中能够享受到一个安全、健康、美丽的自然环境。

（2）自然资源开发利用权（资源权）。此权利涉及对自然资源的合理开发和利用，包括采矿权、取水权、采伐权、采摘权、捕捞权、狩猎权等消耗性权利，以及土地使用权、养殖权、海域使用权、航运权等非消耗性权利。这

些权利旨在促进自然资源的有效利用和经济的可持续发展，同时确保资源利用的公平性和可持续性。

（3）环境容量使用权（排污权）。这一权利允许主体向环境排放生产生活废弃物，但需在合理范围内进行，以避免对环境造成过度负担。具体权利包括大气排污权、水体排污权、土壤排污权等。通过设立排污权，旨在通过市场机制合理分配环境容量资源，鼓励企业采取更环保的生产方式，从而有效控制污染排放，保护生态环境。

（4）自然保护地役权。这是一种特殊的地役权形式，旨在保护自然资源和生态环境。它要求不动产权利人（供役地人）在享受其土地权利的同时，需承担额外的环境保护义务，如忍受某种不利影响或承担特定负担。在环境法中，自然保护地役权具体表现为环境保护地役权、自然资源保护地役权、生态保护地役权、保护地地役权、国家公园地役权等，为特定区域的生态环境保护提供了法律保障。

然而，环境资源利用权说在理论上仍存在一些问题，需要进行改进。

（1）该学说过于强调环境资源的整体概念，而忽视了环境资源的内部结构和功能多样性。实际上，环境资源不仅包括自然资源，还包括生态环境本身，且不同类型的环境资源具有不同的功能和价值。因此，在权利设定时，应充分考虑这些功能和价值的差异，避免一概而论。

（2）环境资源利用权说未能清晰区分环境权、资源权和排污权在价值取向、权利客体、权利属性等方面的本质区别。环境权侧重于保护公民的环境利益，强调公民享有良好环境的权利；资源权则关注资源的合理利用和经济效益；排污权则通过市场机制控制污染排放，保护环境容量。这三种权利在法律性质、权利主体、权利内容等方面存在显著差异，不应混为一谈。

更为严重的是，环境资源利用权说在权利分类和权利构成的法理上存在明显缺陷。这种缺陷可能导致法律适用的混乱和公民环境权益的受损。因此，有必要对环境资源利用权说进行理论修正，明确各项权利的边界和保护机制。

为了修正和完善环境资源利用权说，可以采取以下措施：

（1）明确权利边界。通过立法明确界定环境权、资源权和排污权的定义、范围和内容，确保这些权利在法律上有清晰的界定和区分。

（2）强化权利保护。建立健全各项权利的保护机制，确保公民和企业在行使权利时不会损害公共利益和生态环境。这包括加强监管、提高违法成本等措施。

（3）完善法律体系。在现有法律体系的基础上，进一步完善相关法律法规，确保环境权、资源权和排污权的法律地位得到充分体现和保障。

（4）加强公众参与。鼓励公众参与环境资源的管理和保护工作，通过社会监督和公众反馈机制，促进环境资源的合理利用和有效保护。同时，加强环境教育和宣传，提高公众对环境权益的认识和重视程度。

（二）环境权仅指良好环境权

环境权，作为当代及后代公民（自然人）所享有的基本权利，具体涵盖了清洁空气权、清洁水权、安宁权（亦称宁静权）、采光权、眺望权、通风权和景观权等，其核心在于对环境质量的享用。需明确的是，并非所有与环境相关的权利均可归为环境权范畴。从本质上看，环境权特指环境享用权，它是一种非财产性权利，具备鲜明的人格面向，其客体为环境利益，源于自然要素所承载的环境支持功能。

环境权的内容丰富多样，主要包括进入权、享用权和有限处置权。进入权赋予了自然人自由、免费进入特定环境区域的权利，这是享受环境的前提。享用权则是环境权的核心，它保障了公民直接享受良好环境的权益，如呼吸清洁空气、饮用纯净水源、欣赏自然美景等，这些都是基于人格需求的环境静态享用。而有限处置权则允许环境权人在一定条件下，有偿或无偿地让渡或放弃享用良好环境的权利，尽管环境权本身不包含收益权能，但通过权利让渡，环境权人仍有可能获得经济补偿。

值得注意的是，环境权的行使虽涉及对环境要素的利用，但这种利用是基于人格需求（如健康、舒适）的静态享用，而非以财产获取或增值为目的，也不会对环境要素造成显著消耗或损耗。因此，环境权可被视为一种具有人格面向性的非财产性环境享用权，它体现了人类对于优质生活环境的向往与追求。

（三）环境权不包括资源权、排污权

1. 资源权、排污权与环境权的价值取向冲突

环境资源利用权说试图将价值取向截然相反的良好环境权、资源权以及排污权统一纳入环境权的范畴之下，这一做法在法理上造成了权利体系内部的深刻冲突与混乱，违背了权利归类与体系化构建的基本原则。在权利体系中，母权利与其子权利应当在价值取向上保持根本的一致性，这是权利分类与体系化的逻辑基础。例如，物权作为母权利，其所有权、用益物权、担保物权等子权利均聚焦于对物的占有、使用、收益和处分，共同服务于民事主体物质需求和财产利益的满足与保障。同样，人格权作为另一母权利，其健康权、生命权、身体权、肖像权、姓名权、名誉权、隐私权等子权利则共同致力于实现人格平等、独立、自由和尊严，维护民事主体的自然生存和社会生活秩序。

然而，在环境资源利用权说的框架下，良好环境权、资源权与排污权之间的价值取向却呈现出明显的对立。良好环境权的核心在于保护和享受高质量的生态环境，这要求义务人必须限制其开发利用环境资源的行为，以减少对环境的污染和破坏。相反，资源权则侧重于对自然资源的开发和利用，如林木采伐、矿藏开采等，这些行为往往伴随着对环境的负面影响。同样，排污权允许排放废水、废气、废渣等污染物，虽然在一定程度上是经济活动所必需，但也会对环境造成污染。因此，资源权与排污权的行使本质上与良好环境权所追求的环境保护目标相悖，强行将它们归入环境权名下，无疑违背了环境权设立的初衷和价值追求。

从历史背景来看，环境权的提出正是基于对 20 世纪中后期日益严重的环境污染和生态危机的回应，旨在规范、引导、约束和限制人类的经济社会活

动，特别是自然资源的开发利用活动，以确保人们能够生活在健康、安全、良好的环境中。因此，从权利设置的根本目的出发，环境权应当严格限定为良好环境权，而不应包含具有环境质量破坏性的资源权和排污权。

2. 资源权、排污权与环境权的权利客体与属性差异

在法理上，权利的分类主要依据权利客体、权利对象及权利内容的不同。例如，民事权利可以根据权利客体的不同分为财产权和人身权，其中人身权又可进一步细分为人格权和身份权。然而，环境资源利用权说却忽视了资源权、排污权与良好环境权在权利客体和属性上的本质区别，错误地将它们归入同一权利类别——环境权。

具体而言，良好环境权是一项非财产性的权利，它关注的是人们对高质量生态环境的享用。相反，资源权和排污权则属于广义财产权的范畴。资源权以自然资源的利益为客体，包括资源攫取权和资源使用权。资源攫取权涉及通过开发利用自然资源获取资源性产品的权利，如采矿权、取水权等，属于对自然资源的消耗性利用；而资源使用权则是指将自然资源作为生产经营活动的载体或介质的权利，如土地使用权、养殖权等。排污权则是指利用环境容量资源进行排污的权利，如水体排污权、大气排污权等。

从权利的产生和发展来看，资源权、排污权与环境权虽然都以自然要素为权利对象，但它们的权利客体和属性存在显著差异。资源权具有一定的财富生产性，而排污权则具有一定的财产减支性，尽管排污权在某些情况下也可通过交易获得财产收益，但其本质上仍属于对环境容量的利用。因此，尽管这些权利在环境保护领域都扮演着重要角色，但由于它们在价值取向、权利客体和属性上的不同，强行将它们归入同一权利类别是不合理的。正确的做法应当是根据它们的本质特征进行区分，以维护权利体系的逻辑性和一致性。

（四）环境权不包括自然保护地役权

自然保护地役权，作为一种特殊的地役权形式，旨在保护自然资源和生

态环境，确保不动产被合理利用以维护其自然、风景或开放空间价值。该权利通过对不动产施加限制或肯定性义务，实现特定环境保护目标。具体而言，自然保护地役权是在征收、赎买、租赁、置换等方式不可行或成本过高时，通过与不动产权利人达成协议或依据法律规定，由需役地人（如政府机关、公共组织、公众等）获得的一种要求供役地人（如林地、草地、湿地等不动产的权利人）额外容忍某种不利益或承担特定负担的权利。

在实践中，自然保护地役权常被用于保护野生动物栖息地、野生植物原生地、美丽风光带、饮用水源地等自然要素和自然空间。例如，政府与土地所有权人签订具有法律约束力的协议，限制土地的开发利用，以保护其生态价值。若有人破坏已设立自然保护地役权的自然资源或生态环境，行政机关在履行监管职责后，若社会公共利益仍受损，可基于自然保护地役权和国家生态文明建设义务，责令停止破坏并修复生态环境，必要时可提起损害赔偿诉讼。

公众设立的自然保护地役权，如为了采光、通风、眺望、景观等环境需求而设定的权利，虽与环境紧密相关，但本质上仍属于地役权范畴。这类权利通过合同取得，具有期限性，并可能涉及有偿交易。与环境权相比，公众自然保护地役权在取得方式、享有期限、费用支付及利益满足程度等方面存在显著差异。环境权是公民依法享有的对良好环境的享用权，具有人格面向性和非财产性，其取得源于法律直接规定，享有期限不受限制，且为无偿取得。

值得注意的是，尽管自然保护地役权在保护环境方面发挥重要作用，但它并不等同于环境权。自然保护地役权以自然要素的生态服务功能为客体，首要目的是保护环境而非享用环境，且可能具有民事权利和行政权力的双重属性。因此，在理解和应用自然保护地役权时，需明确其与环境权的区别，以确保环境保护工作的有效实施。同时，对于公众设立的自然保护地役权，也应在尊重合同自由和保护环境之间找到平衡点，促进环境保护与可持续发展的和谐共生。

二、环境权的属性特征

（一）主体代际性：跨越时间的权利守护

环境权的主体范畴不仅局限于当代公民，在特定情境下，后代人亦应被视为环境权的特殊主体，这体现了环境权在时间维度上的深远考量。在大多数情况下，当代人环境权的保障往往预示着后代人环境权的稳固。然而，在某些特殊情境下，当代人可能因短视行为或集体失察而无意中侵犯了后代人的环境权益，例如，大规模的垃圾填埋、有毒土地覆盖、原始森林的过度砍伐等行为。这些行为虽然可能在短期内对当代人的环境权益影响有限，但由于环境污染和生态破坏的累积性和滞后性，它们极有可能对后代人的生活环境造成难以估量的损害。因此，在特殊情况下，赋予后代人环境权成为一项必要举措，旨在平衡当代人与后代人之间的环境利益，确保环境资源的可持续利用。

值得注意的是，若当代人在当时的技术和经济条件下，确实因客观条件限制而不得不采取某些可能对环境造成负面影响的行动，且这些行动在当时并无可行的、谨慎的替代方案，那么这些行为不应被视为对后代人环境权的侵犯。对于后代人环境权的保护，在实体法层面，可采取行政法上的最低层次保护措施，如确保排污行为符合排放标准和总量控制要求等。在诉讼法层面，则可通过诉讼信托机制，由当代人成立的后代人委员会或环保组织代为行使诉讼权利，维护后代人的环境权益。

（二）人身附随性：与个体紧密相连的权利特质

环境权作为权利人享有品质良好环境的法律保障，其显著特征在于其人身附随性。这意味着环境权不可转让（尽管在特定情境下，权利人可能选择放弃环境权并获得相应补偿），也不可继承。环境权的取得方式仅为原始取得，即权利人一旦进入特定环境区域，便自然获得相应的环境权。当权利人离开该环境区域时，其环境权便相对消灭；若权利人去世，则其环境权则绝对消灭。这一特性使得环境权与权利人的个体身份紧密相连，体现了环境权的人身附随性。

在法学理论上，环境权的这一特性与罗马法上的人役权存在高度相似性。人役权是指特定人为了自身利益而利用他人之物的权利，具有人身性、期限性、免费性或福利性以及相对独立性等特征。环境权与人役权在人身性方面尤为相似，均是为特定人的生存和生活而设定，不可与权利人分离，不可转让，也不可继承。此外，环境权还与人役权一样，具有免费性或福利性，即权利人无需为享有环境权而支付对价。这些相似性进一步凸显了环境权作为个体权利的重要性，以及其在保护个人环境权益方面的独特价值。

（三）人格面向性

环境权，作为一种对良好环境的享用权，与物权法中的用益权或属人地役权在性质上有着深刻的相似性。我们可以将其视为一种"人格性用益权"。这种权利的核心在于，它并非要求所有者身份，也不追求通过交易行为获得环境资源的财产价值，而是基于人体健康、休闲愉悦及审美欣赏等人格需求，对环境的静态享用。例如，呼吸清洁的空气、饮用洁净的水源、享受良好的通风条件以及观赏美丽的自然景观，这些行为都直接体现了环境权的人格面向性或人格服务性。正因如此，环境权与人格权在概念上易产生混淆。然而，环境权的这种人格用益性，既可能与某些财产权发生冲突（如生产经营权、养殖权、排污权等在行使过程中可能对环境造成不利影响），也可能促进某些财产价值的提升（如环境质量的改善能提升房地产价值）。因此，尽管环境权本身不具有财产属性，但它与财产权之间存在着千丝万缕的联系。

（四）径行取得性

鉴于环境在经济学上被视为公共物品，在行政法学上则被视为公共用物（公物），公民有权不经行政许可直接享用公共环境。任何主体都无权通过设置障碍来阻断或独占公共环境。这意味着，无论环境要素的实体归属如何，公民均可自由进入或接近并享用这些环境要素。例如，公民有权直接呼吸清新的空气、饮用洁净的泉水以及欣赏美丽的自然景观，而无需事先获得许可。这正是萨克斯教授提出"环境公共财产论"的精髓所在，也与蔡守秋教授提出的公众共用物理论相契合。

（五）无偿取得性

依据大陆法系的财产分类理论，环境被归类为"公产"中的"公众用公产"，可供公众直接、免费和自由使用。因此，与资源权和排污权的取得需要缴纳一定税费不同（除生存性资源权外），环境权的取得和行使无需支付任何对价。这种无偿性符合行政法的精神，即既然环境权可径行取得，那么其使用就应是免费的。任何收费行为都将违背环境权作为公共权利的本质，除非有正式法律的特别授权。例如，虽然某些景观权的取得可能需要支付门票费，但这通常是对所有权人、使用权人等受损者的补偿以及对景观维护者、服务设施建设者和管理者的贡献认可。

（六）直接实现性

环境权的行使和实现具有直接性，无需经过生产、加工或经营等中间环节。这种直接性体现在环境权的行使对行为能力和物质条件没有特殊要求。与资源权和排污权相比（后者通常需要建设污染治理设施并符合严格的排放标准），环境权的实现更为直接和便捷。公民只需身处环境中，即可直接享用其带来的益处，无需额外的投入或努力。这种直接实现性使得环境权成为保障公民生活质量的重要基石。

（七）公共性或可共享性：环境权的普惠特质

在民事权利的分类中，存在具有排他性的权利与不具有排他性的权利之分。对于清洁空气权、清洁水权、景观权等典型的公共环境权而言（与采光权、通风权、安宁权等非典型环境权相比，这些权利具有更强的公共性和共享性），处于同一环境区域的每个人均自然享有这些权利，且这些权利的行使几乎不具有排他性和竞争性。例如，每个人都能够自由呼吸清洁的空气、欣赏美丽的自然景观，而不会因此排斥他人享有同样的环境权益。这种公众共同享有的特性，使得公众环境权成为环境保护时代兴起的一种新型权利类型，它体现了权利的非排他性和共享性。

基于此，当公民以清洁空气权、洁净水权、景观权等典型环境权为请求权基础提起诉讼时，这类诉讼无疑属于环境公益诉讼的范畴，因为诉讼的胜诉结果将惠及该环境区域内的所有自然人。值得注意的是，尽管环境权本身具有公共性或共享性，但这并不妨碍个人作为环境权的享有者和行使者。换句话说，环境权的公共性并不排斥其个体性，个人完全有权主张并行使自己的环境权。

（八）自由权与社会权的双重性：环境权的复合属性

在当前社会背景下，我国社会主要矛盾已经转化为人民日益增长的美好生活需要和不平衡不充分的发展之间的矛盾。鉴于良好生态环境对于民族永续发展和民生福祉的重要性，中共中央和国务院已明确将"提供更多优质生态产品以满足人民日益增长的优美生态环境需要"作为重要目标。在此背景下，环境权作为一种新型人权——幸福权（或舒适权）应运而生，它兼具自由权和社会权的双重属性。

从宪法的角度来看，环境权既体现了个人追求高品质生活环境的自由权利，也要求国家承担保障公民享有良好环境的积极义务。在权利保护方式上，环境权既需要自由权的保护手段来防范来自公权力和私权利的侵犯，也需要社会权的保护方式来促使国家积极履行环境保护义务。具体而言，自由权的实现侧重于防止权利受到侵犯，而社会权的实现则要求国家不仅要消极地防止侵犯行为的发生，更要积极地采取措施来保障公民的环境权益。因此，环境权的实现过程往往伴随着国家环境保护义务的积极履行，这体现了环境权作为自由权与社会权复合体的独特价值。

第二节 环境权的主体

一、国家和单位环境权说及其检视

（一）国家环境权说及其检视

"国家环境权说"主张，国家环境权是国际环境法原则如"尊重国家主权原则""各国对其自然资源拥有永久主权原则"及"国家环境责任原则"的体现，涵盖了环境处理权、环境管理权、环境监督权、保护和改善环境的职责以及履行国际义务等方面。这一权利被视为国家主权的一部分，旨在保障全体公民的环境权益。

1. 在国内法层面，国家负有保护环境权益的国家义务

在国内法律体系中，国家扮演着双重角色。作为公法主体，国家及其国家机关参与宪法、刑法、行政法、经济法、诉讼法等公法法律关系，执行行政管理、司法审判等职能。同时，作为"民事主体"，国家也参与民法、商法等私法法律关系，进行经营活动并参与市场竞争。然而，在处理国内公共环境问题时，国家无需以民事主体身份出现，完全可以通过行使国家行政管理权来实现环境保护的目的。

鉴于空气、水体等环境要素的公共性，社会组织和国家机关可以基于诉讼信托和环境权益国家保护义务提起环境权诉讼。但值得注意的是，在美国，检察机关虽然可以提起环境权诉讼，但其并非环境权的主体，而是诉讼的实施主体。

在我国，需要明确区分环境权信托诉讼与其他类型的诉讼，如国有自然资源损害赔偿诉讼、生态环境损害赔偿诉讼和检察公益诉讼。这些诉讼虽然都与环境保护相关，但它们的法律依据和诉讼主体各不相同。例如，自然资

源资产管理机关基于自然资源国家所有权和国家生态文明建设义务提起自然资源损害赔偿诉讼；生态环保机关基于责令赔偿生态环境损害之行政命令的司法执行提起生态环境损害赔偿诉讼；而检察机关则基于检察公诉权和国家生态文明建设义务提起环境监察公益诉讼。这些诉讼的诉权依据并非环境权本身，而是各自特定的法律授权和职责。

以《中华人民共和国海洋环境保护法》为例，该法规定海洋资源监督管理部门和海洋生态监管部门可以分别基于海洋资源国家所有权和法律授权（委托）以及责令赔偿生态环境损害之行政命令的司法执行提起相应的损害赔偿诉讼。这些诉讼的主体资格并非源于海洋环境权，而是基于特定的法律授权和职责。因此，在处理国内环境问题时，应准确理解和区分不同类型的诉讼及其法律依据，以确保环境保护工作的有效实施。

2. 国际法层面：国家作为本国公民环境权的受托主体

在国际法的广阔舞台上，国家扮演着至关重要的角色，它不仅是国家主权的象征，更是本国公民环境权益的坚定守护者。从理论维度审视，国家可以被赋予环境权受托主体的地位，这意味着当国家面临跨境环境危害，如邻国污染排放影响本国环境时，国家有权基于公民环境权、国家主权以及公民信托原则，采取必要措施保护本国公民的环境权益，并提供相应的救济途径。

国家在国际环境事务中的职责广泛而深远，既包括维护人类共同的环境利益，也涵盖保护本国人民的具体环境权益。这些职责往往跨越国界，涉及全球生态系统的稳定与平衡。然而，在大多数情况下，环境保护的具体实施仍依赖于各国的主权管辖。因此，国家在国际环境合作中的角色逐渐转变为代理人、执行人、保管人或受托管理人，尤其是在处理跨国环境问题时。

从国际环境法的逻辑出发，国家相对于其所管辖的环境资源而言，实质上扮演着受托管理人的角色。这意味着国家有责任管理、保护和合理利用这些环境资源，确保其可持续发展，并兼顾当代人与后代人的环境利益。当面临跨国环境侵权时，国家可以依托其主权地位，代表本国公民向国际社会寻求公正与合理的解决方案，为环境受害者争取应有的赔偿与救济。

3. 国际法层面：国家直接运用国家主权保护公民环境权益

在某些极端情况下，如全球性的环境危机直接威胁到一国的生存和发展及其公民的环境权益时，国家有权且应当采取更为果断的措施来保护本国利益。此时，国家可以拓展国家主权中的自卫权内容，直接运用自卫权在国际舞台上寻求保护和救济。

以温室效应导致的海平面上升为例，这一全球性环境问题正严重威胁着荷兰、马尔代夫等低海拔国家或小岛屿国家的领土完整和生存空间。面对如此紧迫的环境危机，这些国家有权在国际环境法中确认其国家环境利益，并要求国际社会提供必要的保护和支持。这可能包括减排温室气体的国际合作、提供新的国土安置方案等具体措施。

值得注意的是，在此类情况下，国家并非仅仅作为环境权的受托主体行事，而是直接运用其国家主权来维护本国公民的环境权益。这体现了国家主权在环境保护领域的灵活性与适应性，同时也彰显了国际环境法在应对全球性环境挑战时的必要性与紧迫性。通过直接运用国家主权寻求国际保护，这些国家不仅是在保护自身的生存和发展空间，更是在为全球环境治理贡献自己的力量。

（二）单位环境权说及其检视

"单位环境权说"主张单位（包括法人组织和非法人组织）应享有良好环境的权利，这些权利既包含经济性权利也涵盖生态性权利，如无害使用权、废物排放权、良好劳动环境权等。然而，关于单位是否真正拥有环境权的问题，由于涉及环境权与劳动权、生产经营权之间的复杂关系，需要细致入微地分析。

首先，我们必须明确区分单位和单位员工在环境权上的不同主体地位。单位虽然被赋予法律人格以进行活动，但这些活动本质上并非基于单位成员的个人意志，其后果也由单位而非单位成员承担。当外来环境污染影响劳动或工作环境时，通常是单位员工的劳动环境权受到侵犯，而非单位本身的环境权。因此，单位的拟制人格与单位职工的自然人格应被视为彼此独立，不可将二者的权利混为一谈。

接下来，关于单位是否应成为环境权的主体，我们需要从两个角度进行思考。

（1）单位通常对环境利益（良好环境质量）没有直接需求，反而常成为环境利益的侵害者。企事业单位的主要目标是追求经济收益，它们更关注具有财产价值的资源权和排污权，而非环境权。这些单位在生产过程中往往直接开发利用自然资源，导致环境污染和生态破坏，成为环境利益的侵害者。

（2）即使某些单位对良好环境质量有特定要求，如精密仪器生产、钢琴制造、疗养院和度假村运营等，它们也无需成为环境权的主体。这些单位可以通过行使生产经营权和自然资源权（如土地使用权、海域使用权等）来满足对良好环境品质的需求。例如，通过生态化的扩张和改良，这些权利可以涵盖对土地、水流、海域等自然资源品质的要求。因此，当环境质量受到侵害时，这些单位可以基于妨害生产经营权或自然资源权为由提起诉讼，而无需另外创设单位环境权。

虽然"单位环境权说"提出了一种新的视角，但从实际和法律逻辑出发，单位通常无需成为环境权的主体。通过合理行使生产经营权和自然资源权，单位已能够满足对良好环境品质的需求，并在环境受到侵害时通过法律手段维护自身权益。

二、人类和自然体环境权说及其检视

（一）人类环境权说及其检视

1. 人类环境权存在性的非唯一性

从利益分析的角度出发，我们不难发现，几乎不存在一种仅为全人类所有人独享，而不为其中某一部分人所拥有的环境利益。尽管环境学或生态学原理告诉我们，大气、河湖、海洋等环境要素具有整体性、不可分性等特性，且各环境要素之间展现出生态整体性和相互联系性，从而使得这些环境要素所承载的环境利益呈现出一定的共同性或公共性。然而，这种共同性或公共性并非绝对，而是具有一定的地域或空间范围限制，通常为某一特定区域或地区内的公民所共同享有。

即便如温室效应、臭氧层破坏等看似影响全球的环境问题，其对人类的影响也表现出明显的区域差异性。只有在极少数情况下，如公海、公海海底、南极、北极、外层空间等国家主权管辖范围以外的环境要素，才能被视为全人类共有的环境要素。因此，我们不能将人类环境权视为唯一存在的环境权利，还应考虑其他主体类型如公民的环境权。

2. 人类环境权成立合理性的质疑

即便对于南极、北极、公海等全人类意义上的环境要素，人类环境权的成立也缺乏合理性。这些环境要素与人类之间的环境利益联系往往具有间接性和滞后性，根据权利的法理，权利通常只针对直接的利益而成立。因此，将这些环境利益权利化为人类环境权，并通过环境权的路径进行保护，显得并不合理。相反，这些环境利益更适合被视为反射利益，通过行政手段进行保护。

值得注意的是，公海、公海海底、南极、北极等环境要素与人类之间在自然资源利用上存在直接的财产利益联系。因此，现行国际环境法采用了人类共同所有权的方式，将这些环境要素分为"人类共同财产"和"人类共同遗产"进行分类保护。对于"人类共同财产"，如公海及其上方生存或迁徙的鸟类和其他野生动物，所有国家均可平等利用，但不得置于主权管辖之下；而对于"人类共同遗产"，如公海海床和洋底及其底土、月球等，任何国家只能为了全人类的利益进行利用，同样不能被置于主权控制之下。

在实践中，对于自然体的法律保护，我们拥有至少两套权利工具：环境权和资源权（特别是自然资源所有权）。这两套工具各有优劣，我们可以根据实际情况灵活选择。并非所有情况都必须生搬硬套环境权的方式，资源权同样可以发挥重要作用。因此，在保护自然体时，我们应综合考虑多种权利工具，以实现最佳的保护效果。

3. 人类环境权设立的必要性质疑

在探讨人类环境权的设立时，我们首先需要明确其权利主体与义务主体的界定。若假设人类环境权的权利主体为全人类，那么其义务主体又应如何界定呢？如果将义务主体同样界定为全人类，这在法理上显然是不合逻辑的，因为在一个法律关系中，权利主体与义务主体应当是分离的，而非同一主体。如果我们将全人类中的一部分视为义务主体（即那些进行环境和资源开发利用活动，可能对环境造成污染和破坏的群体），那么实际上，我们并不需要创设一个所谓的"人类环境权"来实现环境保护的目的。通过运用一般的公民环境权，即由那些与环境利益密切相关且不会放弃该利益的个人或群体来主张环境权，就足以达到保护环境的效果。

进一步分析，人类这一概念在法学上存在两种解读：一是作为集合概念，指的是全人类作为一个整体；二是作为类概念，指的是与其他生物类别（如野生动植物、微生物等）相区分的人类个体。基于这种理解，我们可以发现，《人类环境宣言》中提及的"人类环境权"实际上是指作为类概念的人的环境权，即每个人作为人类成员都享有的环境权，而非作为集合概念的全人类共同享有的环境权。从宣言的原文"human has the······right······in an environment······"来看，更恰当的翻译应为"人人有环境权"（即自然人环境权），而非"人类有环境权"。

在国内法层面，这种环境权实际上指的就是公民（自然人）环境权。每个公民都有权在一种能够保障其尊严和福利生活的环境中生活，并享有自由、平等和充足的生活条件。同时，公民也承担着保护和改善环境，为当前及未来世代负责的责任。因此，从逻辑和实践的角度来看，人类环境权的设立既无必要性，也无合理性。我们完全可以通过强化和完善公民环境权来实现环境保护的目标，而无需引入一个模糊且难以界定的"人类环境权"概念。

人类环境权的创设不仅缺乏法理依据，而且在实践中也难以操作和执行。相比之下，通过明确和强化公民环境权，我们可以更有效地推动环境保护事业的发展，确保每个人都能在良好的环境中生活和发展。

（二）自然体环境权说及其批判

1. 基于伦理学的检视

"生态中心主义"环境法哲学与"生态中心主义"环境伦理观紧密相连，是这一伦理观在法律领域的深化与拓展。然而，这一伦理学观点在转化为法律时面临挑战，因为它缺乏直接法律化的条件和基础。尽管生态主义对人文主义进行了有益的限定和矫正，有助于人文主义的发展，但任何生态主义观念都是基于人的构建，它可能超越传统的极端"人类中心主义"，但无法完全脱离人的立场。因此，在回应"生态中心主义"环境伦理观的积极因素时，我们无需彻底否定或摒弃"人类中心主义"观点。

根据道德法律化的基本原理，法律应体现社会普遍认可和广泛接受的基本道德原则。在环境法领域，这意味着应将绿色化的"人类中心主义"伦理道德，即那些旨在促进人与自然和谐共生的基本道德准则，纳入法律体系。相反，"生态中心主义"环境伦理观中的某些高标准道德要求，如将自然视为与人类平等的道德主体，因其超越了一般社会成员的道德认知和实践能力，不宜直接转化为法律强制性要求。法律的主要功能是禁止恶行，而非强制行善，过度依赖法律手段来实现高尚的道德目标，可能会削弱道德的内在价值，甚至损害法律的权威性和有效性。

2. 基于生态学的检视

从生态学原理出发，人类保护自然资源和生态环境的根本原因在于"社会—经济—自然"复合生态系统中"三种生产"（人口生产、物质生产和生态生产）之间的失衡。当自然系统的生态生产无法满足人口生产和物质生产对优质生态产品的需求时，就会出现环境污染、资源短缺和生态退化等问题。因此，为了实现生态系统的可持续发展，必须通过控制人口规模、优化国土空间布局、调整产业和能源结构、转变生产和消费方式、加强环境治理和生态修复等手段，推进生态文明建设。

在这一过程中，"人类中心主义"立场并非意味着无视自然本身的价值，而是强调从人类的长远利益和整体利益出发，以维护"社会—经济—自然"复合生态系统的平衡为目标。通过合理控制极端"人类中心主义"行为，实现对自然系统的有效保护，最终达到"生产发达、生活美好、生态健康"的"三生共赢"目标。正如周训芳教授所言，保护动物实际上是保护人类的生态性利益和财产性利益，环境法的直接任务是保护环境、资源和生态，但其根本目的在于保障人类对这些宝贵资源的合法权益。

3. 基于法理学的检视

"生态主义环境权说"提出赋予生态或自然体以环境权的观点，从根本上倒置了人与自然的关系，忽略了人的主体性和能动性，过度拔高了自然体的价值，这违背了权利的基本法理。回顾权利主体制度的历史演变，我们不难发现，民事权利能力的范围并非一成不变，它可以在全面权利能力与完全无权利能力之间灵活调整，表现为部分权利能力和具体权利能力的多样性。然而，这并不意味着任何客观存在都能被授予权利能力。即便是不具备完全理性的人，也仅在特定情境下，如人格尊严和纯获利益的法律关系中，才被赋予有限的权利能力。

在法律和哲学领域，"主体"一词始终蕴含着自主性、自觉性和主导地位的内涵，这在法律关系的主体上具体体现为"权利能力"。正如学者程燎原和王人博所指出，权利并非独立于主体之外的存在，而是与"人"紧密相连的概念。将权利主体从"人"扩展到自然体，不仅不会扩大权利的范围，反而可能颠覆整个权利理论的根基，导致权利的终结。以"生态中心主义"伦理学为基础的生态主义环境权说，尽管其愿景美好，但因其过于理想化，既缺乏科学依据，也违背法理原则，因此在实际法律体系中难以立足。

三、后代人环境权说及其修正

后代人环境权说，作为一种具有前瞻性和创新性的法律理论，主张从法律主体扩展的历史趋势、传统法律理论以及国际国内环境立法与司法实践三个维度出发，论证确立后代人环境权的可行性与必要性。该理论提出，后代人应享有不低于当代人环境质量的权利，并建议通过引入代理制度，为尚未出生的后代人设定法定代理人（如环保组织、公民代表或特定机构），以代为实施和主张后代人的环境权。

然而，将当代人与后代人视为两个存在潜在利益冲突的独立主体，在理解上确实存在困难，且由于后代人尚未实际存在，传统的"交换正义"理论难以直接应用于解释后代人的权利和代际伦理问题。传统的"交换正义"理论强调义务与权利的相互性，即一个人为他人尽义务是因为期待得到相应的回报。但当代人与后代人之间缺乏这种直接的相互性，使得传统理论在解释代际关系时显得力不从心。

为了弥补这一理论空白，我们需要寻找新的正当性依据。从人类整体存续和发展的角度出发，当代人对后代人的环保义务实际上源于对整个人类世代繁衍的责任。这种责任要求当代人不仅考虑自身的利益，还要为后代人的生存环境负责，以确保人类作为一个整体能够在地球上持续存在。这种责任不仅仅是个体对个体的义务，而是个体作为人类整体一部分所承担的道德义务。正如罗尔斯的"储存原则"所强调的，我们应当以一种不计时间的方式，公正地对待所有世代，确保后代人不会因环境污染和资源枯竭而处于更不利的地位。

在实践层面，后代人环境权的设立并非随意为之，而是有严格的适用条件和范围。首先，它主要适用于可能遭受跨代性环境侵害的环境权类型，如清洁空气权、清洁水权等，而对于那些只可能遭受瞬时性或暂发性环境侵害的权利（如采光权、通风权等），则无需设立后代人环境权。其次，后代人环境权的设立应基于后代人可能遭受不利环境影响且当代人环境权无法提供有效救济的前提。只有当污染或破坏行为对后代人构成潜在威胁，且当代人无法通过自身权利主张获得救济时，后代人环境权才具有现实意义。

在实现机制上，后代人环境权的行使具有特殊性，需要依赖特别的制度设计。由于后代人尚未出生，无法亲自行使权利，因此需要通过设立委托代理人来代为行使。这些代理人可以是后代人委员会、环保组织、检察机关等，他们有权代表后代人提起环境权诉讼。同时，在侵权责任认定上，应采用过错推定原则，即除非被告能够证明其没有过错，否则需承担对后代人环境权的侵权责任。此外，在国际环境法层面，发达国家应作为后代人环境权的主要义务主体，承担更多的环保责任，并为发展中国家提供必要的资金和技术支持，以促进全球环境的可持续发展。

第三节　环境权益的保护和救济机制

一、环境知情权与环境参与权

环境权人在面对危害环境利益的行为时，可以依据环境权的效力，行使环境权请求权，要求侵害环境权益的私人主体停止侵害、排除妨碍、消除危险、恢复原状等。同时，他们也可以请求国家权力机关启动或停止某一国家行为，如制定环境立法、出台国家规划等，以及请求有关政府部门切实履行环境监管的法定职责，以保护其环境权益。在这一过程中，环境知情权（体现为环境信息获取请求权）和环境参与权（体现为环境行政参与请求权）作为派生权利，起到了重要的辅助和保护作用。然而，需要明确的是，这两项权利并非环境权本身，而是为了实现环境权而派生的辅助性权利。它们关注的是程序性权益，而非环境权所保护的实体性利益。

二、环境权（信托）诉讼

环境权的司法救济途径主要包括两种：环境权人自身提起的诉讼和环保组织基于环境权的法定诉讼信托而提起的诉讼。

1. 环境权人诉讼

当环境权受到污染、破坏等侵害时，享有环境权、具备相应能力且没有违法违纪记录的公民有权提起环境权诉讼。根据诉讼对象和性质的不同，这类诉讼可分为环境权民事诉讼（针对民事行为）、环境权行政诉讼（针对行政行为）和环境权宪法诉讼（针对国家行为）。特别地，以清洁空气权、清洁水权、景观权等具有共享性的环境权为依据提起的诉讼，其胜诉利益往往能惠及同一环境区域内的不确定多数人，因此这类诉讼也属于广义环境公益诉讼的范畴。

2. 环境权信托诉讼

鉴于环境权人可能因资金、知识、时间、勇气或意愿等原因无法或难以提起诉讼，环保组织可以基于公民环境权和法定诉讼信托机制，代为提起环境权信托诉讼，以保护受损的环境权益。这类诉讼以环境公共利益为诉讼客体，与环保组织无直接利害关系，因此被视为典型的环境公益诉讼，包括环境民事公益诉讼和环境行政公益诉讼等。通过这一机制，环保组织能够在环境权人无法或难以行使诉讼权利时，为其提供必要的法律支持和保护。

三、自然资源损害赔偿诉讼

鉴于自然资源与生态环境的同体性、关联性（某一自然资源要素受损势必导致另一生态环境要素受损，如滥伐森林导致水土流失）等客观规律，自然资源与生态环境具有一损俱损、一荣俱荣的关系，故基于国家和集体所有权的自然资源损害赔偿诉讼往往兼有环境权益保护的辅助和附带功能。即利用"生态价值和经济价值附着在同一客体上"的特殊属性，通过能够"确权"的"自然资源"来保护"无主"的"生态环境"。

（一）自然资源损害赔偿诉讼的类型及其权利基础

1. 国有自然资源损害赔偿诉讼（可称为自然资源国益诉讼）

当国有自然资源，如土地、森林、草原、河流、湖泊、野生动植物资源以及海洋等，遭受破坏时，相关行政机关在依法履行自然资源和生态环境保护监管职责后，若自然资源国家利益和生态环境社会公共利益仍处于受损状态，有权的地方人民政府和相关自然资源资产主管部门有权采取进一步行动。

这些部门可以基于自然资源国家所有权、法律授权、特别委托以及国家生态文明建设义务，采取两种主要途径来维护国家利益：一是与自然资源破坏者进行损害赔偿磋商，力求达成赔偿协议；二是直接提起自然资源损害赔偿诉讼。

在诉讼请求方面，原告（即有权的地方人民政府和相关自然资源资产主管部门）可以要求被告承担一系列民事责任，包括但不限于停止破坏行为、治理和修复受损的生态环境、恢复可再生自然资源的再生条件，以及赔偿因破坏行为导致的自然资源资产损失。这些措施旨在全面恢复受损的自然资源和生态环境，确保国家利益的完整性和可持续性。

值得注意的是，由于自然资源和生态环境之间存在紧密的内在联系和关联性，自然资源诉讼往往也具备生态环境保护的部分功能。例如，在保护珍稀濒危野生动物资源时，必须同时保护其栖息地、迁徙洄游通道等生态环境要素，以确保这些动物能够正常生存和繁衍。然而，尽管生态环境保护在自然资源诉讼中扮演重要角色，但其根本目的仍在于保护自然资源本身。

此外，若将环境容量视为一种准自然资源（即附着于空气、河流、湖泊、海洋等自然要素实体之上的拟制性资源），地方人民政府和环境保护主管部门在特定条件下（如环境容量已资产化，即已征收了环境容量有偿使用费或实施了排污权交易等）也有权提起环境容量损害赔偿诉讼。但在此之前，必须明确环境容量已具备资源的属性，否则其应被视为生态环境的一部分，通过生态环境损害赔偿诉讼来寻求救济。

2. 集体自然资源损害赔偿诉讼（可称为自然资源共益诉讼）

当集体所有的自然资源及其生态环境遭受破坏时，集体经济组织有权提起集体自然资源损害赔偿诉讼。然而，从近年来的实践情况看，由于意识上的缺乏和能力上的不足，全国各地关于此类诉讼的案例相对较少。这反映出集体经济组织在维护自身权益方面仍存在诸多挑战和困难。

为了改变这一现状，需要加强对集体经济组织的法律宣传和培训，增强其法律意识和维权能力。同时，政府和相关部门也应加大对集体自然资源保护的支持力度，提供必要的法律援助和资金扶持，鼓励集体经济组织积极维护自身权益。此外，还可以探索建立多元化的纠纷解决机制，如调解、仲裁等，为集体经济组织提供更加便捷、高效的维权途径。通过这些措施的实施，有望推动集体自然资源损害赔偿诉讼的普及和发展，更好地保护集体所有的自然资源及其生态环境。

（二）自然资源损害赔偿诉讼的局限性

在探讨自然资源损害赔偿诉讼在救济环境权益方面的局限性时，我们需要深入分析其多重制约因素。

（1）该诉讼方式在适用范围上存在明显局限。它主要适用于那些既是自然资源又是生活环境（可作为环境权的对象）的自然要素，如森林、草原、耕地、绿地等。然而，对于那些没有明显资源功能、难以产权化特别是国有化的自然要素，如空气、安宁、阳光、微风、景观（包括飘雪、潮汐、日出、夕照、云彩等），自然资源损害赔偿诉讼则显得力不从心。这些自然要素虽然可以成为环境权的保护对象，但由于它们难以成为国家和集体自然资源所有权的对象，因此无法通过自然资源损害赔偿诉讼来有效救济其受到的环境权益损害。

（2）自然资源损害赔偿诉讼无法适用于所有类型的环境侵害行为。在很多情况下，对环境权益的侵害并不一定会对自然资源造成损害。例如，违规修建高楼可能会妨碍眺望权、采光权、通风权等环境权，但并不会破坏任何自然资源。此时，自然资源损害赔偿诉讼就无法为受害者提供有效的法律救济。

（3）当自然要素的资源功能和环境功能在实现上存在根本冲突时，自然资源损害赔偿诉讼也显得无能为力。例如，在森林资源的利用中，砍伐林木可以实现其资源功能，但会破坏其环境景观功能；同样，排放污染物质可以实现水体的容量资源功能，但会损害水环境功能。在这些情况下，由于资源功能和环境功能之间的零和博弈关系，自然资源损害赔偿诉讼难以找到一个平衡点来全面保护环境权益。

（4）自然资源损害赔偿诉讼在保护和救济环境权益方面还表现出滞后性、间接性和附带性。这种诉讼方式通常只能在自然资源遭受实际损害后才能提起诉讼，而此时环境质量的降低往往已经发生并持续了一段时间。此外，该诉讼方式以保护和救济自然资源为主要目标，无法直接提出恢复环境质量、排除环境妨害等与自然资源损害救济无直接关联的诉讼请求。这导致在功能上无法对环境权益进行全面、有效的保护和救济。

自然资源损害赔偿诉讼在救济环境权益方面存在诸多局限性。为了更全面地保护环境权益，我们需要探索更多元化的法律救济途径和机制。

四、生态环境损害赔偿诉讼

（一）生态环境损害赔偿诉讼的理论基础

生态环境损害赔偿诉讼的理论基础可以从两个层次进行阐述。

第一层逻辑聚焦于违法行为的直接后果及应对。对于污染或破坏生态环境的违法行为，负有环境监管职责的地方政府及其环保部门有责任采取相应措施。具体而言，应责令违法行为人修复受损的生态环境，这包括但不限于消除污染、恢复原状等具体措施。若生态环境损害已无法完全修复，则应实施损害赔偿，以弥补生态破坏所带来的损失。

第二层逻辑则涉及生态环境损害赔偿的司法实现路径。鉴于生态环境损害赔偿具有一定的争讼性，即赔偿费用的确定需要通过司法程序进行确认，因此，有关地方人民政府及其环保部门可以与违法行为人进行磋商，力求达成赔偿协议。一旦双方达成赔偿协议，可以向人民法院申请司法确认，以确保协议的合法性和执行力。

需要强调的是，生态环境损害赔偿诉讼的核心目的在于对生态环境损害本身进行赔偿，而非仅仅关注生态环境上财产价值的损失。对于生态环境中自然资源财产价值的损害，应通过专门的自然资源损害赔偿诉讼进行救济，以确保不同类型的损害得到针对性的处理。

（二）生态环境损害赔偿诉讼的适用条件和功能局限性

生态环境损害赔偿诉讼的提起并非无条件的，而是需要满足一系列特定的适用条件。这些条件包括但不限于：存在明确的环境违法行为、环境损害后果较为严重（如突发环境事件的发生）、案件属于环境行政管辖范围、环境行政相对人具体明确、存在相对确凿的证据支持以及已依法穷尽所有行政手段等。

然而，由本就肩负环境监管职责、拥有行政执法权力的地方政府和环保部门提起"生态环境损害赔偿诉讼"，也引发了一些争议和担忧。一方面，这种做法可能被视为对行政权的懈怠和对司法资源的滥用，破坏了行政权与司法权之间的权力平衡。另一方面，由于担心此类诉讼可能暴露自身在环境监管方面的不足，反而使自己成为环境行政公益诉讼的被告，地方政府和环保部门在提起生态环境损害赔偿诉讼时可能表现得不够积极，这与制度设计者的初衷存在差距。

因此，在推进生态环境损害赔偿诉讼的过程中，需要充分考虑其适用条件和功能局限性，确保诉讼的提起既符合法律规定，又能有效维护生态环境利益，同时避免对行政权和司法权造成不必要的干扰和影响。

五、环境检察公益诉讼

检察机关作为宪法明确规定的法律监督机关，在维护环境权益方面扮演着至关重要的角色，承担着保障生态文明建设的最后一道防线。当污染环境、毁损资源、破坏生态等危害生态文明建设的行政行为和民事行为发生时，若相关公民、环保组织、自然资源资产管理机关和环保机关在合理期限内未能提起诉讼，检察机关将依法履行诉前程序，如督促环保机关履行监管职责、要求污染企业治理和修复环境、通告环保组织提起公益诉讼等。若这些措施仍未能有效解决问题，检察机关将基于国家生态文明建设义务和民行公诉权，作为候补主体，提起环境检察公益诉讼。

（一）正当性基础

检察机关提起环境公益诉讼的正当性源自"社会契约＋生态文明建设国家义务＋检察公诉权"的复合理论框架。社会契约论认为，稳定的社会秩序建立在人民自愿缔结的社会契约之上，国家作为这一契约的产物，其根本目的在于保护每个公民的人身与财产权益。在环境污染、资源短缺和生态退化日益严重的今天，社会契约的内容必须得到拓展，国家也因此承担了生态文明建设的国家义务，其中包括了生态环境和自然资源的保护。

为了履行这一国家义务，国家权力被赋予了相应的职责，并由各类国家机关在各自权限范围内积极行动。在生态文明建设领域，立法机关负责制定法律，行政机关负责行政监管，审判机关负责司法裁判，检察机关则通过行使检察权提起国家公诉来维护公共利益。其中，检察机关依据检察公诉权中的民行公诉权提起环境检察公益诉讼，不仅是对国家生态文明建设义务的积极响应，也是对法律监督职能的深化和拓展。

进一步而言，检察机关提起环境公益诉讼的正当性不能仅从法律监督权的角度来解释。虽然检察机关作为法律监督机关，有权对国家机关的权力运行进行监督，并可以基于监督权提起行政公益诉讼，但这种解释方式在面对环境民事公益诉讼时显得力不从心。因为法律监督的客体主要是义务和职责，而非权利。当公民、法人或其他组织未违反法律义务却造成环境污染和生态破坏时，检察机关无法仅凭法律监督权提起民事公益诉讼。

因此，我们需要将检察机关视为国家和社会公共利益的代表，结合"社会契约＋生态文明建设国家义务＋检察公诉权"的理论框架，来全面解释检察机关提起环境公益诉讼的正当性。这一理论框架不仅强调了检察机关作为国家监督机关的角色，还突出了其在维护环境权益、推动生态文明建设方面的重要作用。

在此基础上，我们可以进一步完善广义环境公益诉讼原告制度，明确各类原告在环境公益诉讼中的定位和职责，形成考虑周全、系统协调的公益诉讼体系。这将有助于全面推进环境公益诉讼的发展，为生态文明建设和环境保护提供更加坚实的法律保障。

（二）必要性

从理论层面深入剖析，赋予检察机关在环境公益诉讼中的原告资格，具有深远的意义和紧迫性。这一举措不仅是对传统私诉权救济力量不足的有效补充，更是对公诉权在民事、行政诉讼领域应用的一次重要探索。公诉权的设立初衷，正是为了弥补私诉权在特定情境下的局限性，特别是在环境公益保护这一复杂而艰巨的任务面前，私诉权往往显得力不从心。

环境公益的特殊性，如公共性、弱私利性或私利间接性等，使得其保护难度远超一般民事权益。加之环境公益侵害者往往拥有较强的经济实力和社会影响力，使得公众在面临环境公益受损时，往往因缺乏足够的动力和能力而选择沉默或放弃救济。这种局面无疑加剧了环境问题的恶化，对人民群众的健康和国家的可持续发展构成了严重威胁。

检察机关作为国家的法律监督机关，其提起环境公益诉讼，正是对公诉权本质和设立宗旨的生动诠释。检察机关不仅拥有专业的司法队伍和丰富的调查取证职权，能够有力对抗强势被告，确保诉讼的胜诉可能性，更能够超越地方保护主义的束缚，独立、公正地履行环境公益诉讼的职责。这种超脱地位和专业能力，使得检察机关在环境公益诉讼中具备得天独厚的优势。

在当前环境污染、资源短缺、生态退化等问题日益严峻的背景下，赋予检察机关环境公益诉讼的原告资格，显得尤为必要和迫切。当公民、社会组织和环保机关因各种原因无法或不愿提起诉讼时，检察机关应成为维护环境公益的坚强后盾，确保环境违法行为得到应有的法律制裁，环境公益得到有效保护。

特别是在环境行政公益诉讼领域，检察机关的作用更加凸显。相较于其他诉讼主体，检察机关在监督行政机关依法行政、维护国家和社会公共利益方面，具有更高的权威性和独立性。其由人大产生、对人大负责的特殊地位，使其能够更有效地抵御行政机关的干预，确保环境行政公益诉讼的公正性和有效性。因此，检察机关作为环境公益诉讼的主体，不仅是理论上的合理选择，更是实践中的迫切需求。

（三）可行性

环境检察公益诉讼的可行性不仅在于其坚实的法理基础和显著的优势，还体现在其广泛的法律依据和实践中的积极作用，为环境保护提供了一柄锋利的法律利剑。

从法理基础来看，检察机关作为国家的法律监督机关，其职责不仅限于对犯罪行为的追诉，更包括对公共利益，特别是环境公共利益的维护。在环境污染和生态破坏日益严重的今天，检察机关通过提起环境公益诉讼，不仅是对其法律监督职能的深化和拓展，更是对人民群众环境权益的有力保障。这一行为不仅彰显了法律的公平与正义，也体现了国家对于环境保护的高度重视和坚定决心。

检察机关在环境公益诉讼中展现出的显著优势，进一步增强了其可行性。一方面，检察机关拥有一支训练有素、经验丰富的专业队伍，他们熟悉诉讼程序，精通法律知识，能够精准把握案件要点，确保诉讼活动的专业性和有效性。另一方面，检察机关依法享有侦查权，这使其在环境公益诉讼中具有独特的调查取证能力。通过深入调查，检察机关能够全面、客观地掌握案件事实，为诉讼活动提供坚实的事实基础。

此外，环境检察公益诉讼在弥补行政监管不足方面发挥着不可替代的作用。在环境保护领域，行政机关虽然承担着主要的监管职责，但受限于各种因素，其监管效果往往难以达到预期。而检察机关通过提起公益诉讼，可以形成对行政监管的有效补充和强化。这不仅能够推动行政机关依法履行职责，加强环境保护工作，还能够通过司法手段纠正行政监管中的不足和偏差，确保环境保护法律制度的正确实施。

当然，环境检察公益诉讼也面临着一些挑战和困难。例如，如何确保诉讼活动的公正性和效率性，避免滥诉和浪费司法资源；如何平衡检察机关与行政机关、环保组织等多元主体在环境保护中的关系，形成合力等。然而，这些挑战和困难并不能否定环境检察公益诉讼的可行性。相反，它们为检察机关在实践中不断探索和完善相关制度和机制提供了动力和方向。通过不断优化诉讼程序、加强与其他主体的沟通协调、提高诉讼效率和质量等措施，环境检察公益诉讼将能够在环境保护中发挥更加积极的作用。

（四）工作重点：环境行政公益诉讼

在探讨检察机关在环境公益诉讼中的角色与定位时，我们不难发现，尽管检察机关理论上具备提起环境民事公益诉讼和环境行政公益诉讼的双重能力，但从中国环境保护的实际需求和现状出发，将工作重心放在环境行政公益诉讼上显得尤为必要且迫切。

深入分析当前环境法治面临的挑战，不难发现，政府和环保部门在环境监管中的失职与渎职行为，往往成为环境保护不力的深层次原因。这些行为可能源于地方利益的考量、权力寻租等多种因素，导致环境监管职责未能得到有效履行。因此，检察机关的核心任务应聚焦于如何有效监督和打击这些违法失职行为，以维护环境公共利益。

具体而言，检察机关应充分利用其法律授权，将主要精力投入到以下几个方面：

（1）加大对破坏环境资源犯罪的打击力度，确保环境违法行为得到应有的法律制裁；

（2）严厉查处环境监管失职罪，对失职人员依法追究责任；

（3）加强对环境诉讼案件的监督抗诉，确保司法公正；

（4）强化对公安机关环境犯罪侦查、法院行政非诉执行和审判执行的监督，防止司法腐败和不公；

（5）积极支持起诉，为环境权益受害者提供法律援助；

（6）督促起诉，对应当起诉而未起诉的环境违法行为进行督促；

（7）积极提起环境刑事附带民事诉讼和环境行政公益诉讼，维护环境公共利益。

在环境行政公益诉讼方面，检察机关具有得天独厚的优势。首先，面对强大的政府部门，力量薄弱的公民和环保组织往往难以与之抗衡并取得胜诉。而检察机关作为国家法律监督机关，具备与政府部门相抗衡的实力和地位。其次，检察机关在提起环境行政公益诉讼时，能够更有效地推动政府部门依法履行环境监管职责，纠正违法行政行为，从而维护环境公共利益。

相比之下，检察机关在提起环境民事公益诉讼方面并不具备显著优势。一方面，检察机关在发现环境损害案件事实并启动公益诉讼程序上可能存在滞后性，而公众则往往能够更早地发现并报告环境违法行为。另一方面，检察机关挤占公民和环保组织提起环境民事公益诉讼的发展空间，并不利于推动中国环境法治道路从"政府推进型"向"社会演进型"的转变。因此，检察机关应更多地聚焦于环境行政公益诉讼，为公民和环保组织提供更多的支持和协助，共同推动中国环境法治的进步。

当然，检察机关在提起环境公益诉讼时也需遵循一定的前置程序和约束条件，以确保诉讼的公正性和有效性。例如，检察机关应作为替补原告，在有关主体未能有效履行环保义务或监管职责时方可行使诉权。同时，为平衡诉讼双方的地位，检察机关在诉讼中应享有与被告平等的诉讼权利和诉讼义务，以确保诉讼的公平性和公正性。这些措施的实施将有助于推动中国环境法治的进一步完善和发展。

六、不同类型诉讼之间的衔接与协调

在环境保护的司法实践中，环境受害者、环境权人、环保组织、自然资源资产管理机关、环保机关以及检察机关分别扮演着不同的角色，并可能基于各自的权利或职责提起不同类型的诉讼。为了有效协调这些诉讼之间的关系，确保环境保护法律制度的顺畅运行，我们可以采取以下策略。

（1）允许提起环境公益诉讼（广义）的原告加入环境私益诉讼，并提出维护环境公益的诉讼请求。这意味着环保组织、自然资源资产管理机关、环保机关以及检察机关等具有公益性质的主体，可以在公民或法人提起的环境私益诉讼中作为共同原告参与进来，补充提出旨在保护环境公益的诉讼请求。当然，这些主体也可以选择不直接加入诉讼，而是通过提供法律支持、证据材料等方式，协助原告提出并维护环境公益的诉讼请求。这样的安排有助于在保护个体环境权益的同时，也兼顾到环境公共利益的保护。

（2）鼓励环境权人和环保组织作为共同原告同时提起环境公益诉讼，以壮大诉讼力量并提高诉讼效果。环境权人和环保组织在环境保护方面各自具有独特的优势和资源，通过合作共同提起诉讼，可以实现优势互补，提高诉讼的专业性和影响力。例如，公民可以提供具体的环境受害经历和证据，而环保组织则可以提供专业知识、技术支持和法律援助，共同推动环境保护目标的实现。

（3）对于涉及自然资源损害赔偿和生态环境损害赔偿的诉讼，可以考虑将自然资源资产管理机关和环保机关作为共同原告进行合并审理。这样做不仅可以避免重复诉讼和资源浪费，还可以提高诉讼效率和质量。在合并审理的过程中，自然资源资产管理机关和环保机关可以充分发挥各自在资源管理和环境保护方面的专业优势，共同推动案件的审理和判决的执行。

通过允许环境公益诉讼原告加入环境私益诉讼、鼓励环境权人和环保组织作为共同原告提起诉讼以及合并审理涉及自然资源损害赔偿和生态环境损害赔偿的诉讼等措施，我们可以有效协调不同类型环境诉讼之间的关系，形成合力共同推动环境保护事业的发展。

第六章 生态文明制度建设

第一节 中国生态文明制度建设思想的主要内容

一、健全环境道德教育制度

（一）环境道德教育正式制度

环境道德教育的正式制度，作为环境道德教育制度创新的核心组成部分，其核心在于通过法治建设对环境道德教育进行规范、指导、协调、监督和评估。这一制度不仅涵盖了将现行环境道德教育的宣传和普及活动纳入法律、法规、准则等正式框架中，还涉及了环境道德教育制度的两种主要形式：正式制度与非正式制度。正式制度，特指那些由国家立法机关、教育部门和环保部门有意识、有计划地制定的法律、法规以及经济活动主体间签订的契约等，它们由国家权威机构颁布并实施，其执行受到国家权力的明确保障。这些制度明确规定了何为可行、何为不可行，一旦违反，将受到相应的制裁或惩罚。正式制度通常以成文形式存在，其制定、颁布、修改及废止均需遵循特定程序。

环境道德教育正式制度的提出，深刻体现了制度权威性的重要性。在现代社会，制度已成为维系社会秩序、调整社会关系的基本力量和形式。面对中国特色社会主义建设事业的新要求，我们肩负着推动制度更加成熟、更加定型的历史使命，旨在为党和国家事业发展、人民幸福安康、社会和谐稳定以及国家长治久安提供坚实可靠的制度保障。环境道德教育作为这一宏伟蓝图中的重要一环，同样离不开制度的坚强支撑。

为了维护环境道德教育制度的权威性，我们必须采取切实有效的措施。首先，坚持制度面前人人平等的原则，确保制度执行的公正性和普遍性。其次，健全环境道德教育制度的具体实施细则，减少制度执行的随意性和不确定性，增强制度的可操作性和执行力。最后，实行严格的责任追究机制，确保环境道德教育制度得到有效落实，充分发挥其应有的教育功能，为培养公民的环境道德意识、推动生态文明建设奠定坚实基础。

（二）强化环境道德教育非正式制度

环境道德教育作为解决环境问题不可或缺的一环，其重要性在于通过非正式制度的形式，即环境伦理道德教育，来提升公民的生态意识与道德水平。这种教育是在社会发展和历史演进中自发形成的，不受个人主观意志的控制，它涵盖了广泛的环境伦理道德观念、自然观以及由此衍生出的风俗习惯和实践系统。这些非正式制度潜移默化地影响着人们的思维方式、行为习惯和选择偏好，形成一种社会性的无形压力，促使个体在环境行为上趋于一致。

环境道德教育的内容广泛而深刻，涵盖了生态道德的意识教育、规范教育及素质教育等多个方面。它旨在培养人们尊重自然、顺应自然、保护自然的道德理念，激发保护自然和生命的道德情感与意识，并将这些内在的道德能力转化为外在的道德习惯和行为准则。通过环境道德教育，人们能够深刻理解人与自然和谐共生的重要性，学会在经济发展与资源保护之间找到平衡点，从而自觉履行对外部环境的道德义务和生态责任。

在生态文明建设的进程中，环境道德教育扮演着至关重要的角色。它提供了必要的道德支持，引导人们用道德规范去关爱环境、关爱生物，确保人类行为符合生态道德的要求。通过环境道德教育，人们能够认识到爱护物种和环境是正义和友善的行为，而破坏环境则是不道德的行为。这种教育有助于引导人们从理性角度审视人类行为对社会发展和环境保护的影响，促使人们自觉节制自身行为，实现经济社会发展与环境保护的双赢。

此外，环境道德教育还有助于提升人们的生态道德修养，增强主动建设生态文明的自觉性。它鼓励人们在行为上自觉养成尊重生物、保护环境、发展生态的习惯，实现资源的合理开发和利用，倡导有节制、有限度和适可而止的消费观念，以最小化对环境的破坏。通过环境道德教育，人们能够深刻认识到生态环境对人类生存和发展的重要性，从而更加珍惜和爱护我们的地球家园。

环境道德教育还强调保护环境的生态道德义务。它要求人类共同承担对生态环境的责任和义务，根据责任大小区别对待、各负其责。通过环境道德教育，人们能够改变过去那种只追求人类利益而忽视生态环境的行为模式，将发展经济与保护环境紧密结合起来，自觉履行保护生态环境的义务，寻求人与自然的和谐共生。

为了全面提升全民的生态文化素质，倡导生态文化成为一项重要任务。这要求我们以人与自然的关系为出发点，树立人与自然和谐发展的理念；同时关注人与人的社会关系，在全社会形成"保护环境、引以为荣"的文化氛围。通过培育公众生态文化作为生态文明建设的"软实力"，提高全民的生态意识，增强公众参与生态文明建设的能力。

环境道德教育制度在生态文明建设中具有不可替代的地位和作用。它需要通过建立环境法律来完善环境道德的正式制度框架；同时努力将生态文化融入公众意识观念和生活习惯之中，使之转化为公众自觉保护生态环境的行为习惯。在全国范围内广泛开展以"保护环境、关爱生命"为主题的生态教育活动，动员社会力量共同参与环境保护事业。通过完善生态道德的培育机制，形成具有生态价值理念的社会主义核心价值体系，为中国生态文明制度建设提供坚实的道德支撑和文化基础。

二、完善环境保护法治体系

（一）健全以源头保护为核心的环境管理制度

生态环境源头保护制度体系，是一个以资源生态环境管理制度为核心，涵盖国土空间开发保护制度、自然资源资产产权制度和用途管制制度，以及生态红线制度等关键组成部分的综合性体系。这一体系旨在从源头上加强对自然资源环境的管理与保护，确保资源环境的高效、可持续利用。

（1）国土空间开发保护制度是体系中的重要一环。它关注国土资源的合理开发与有效保护，强调在国土资源承载能力的基础上，对不同主体功能区进行差异化规划与管理。面对我国国土资源面临的诸多挑战，如人口增长、生态环境恶化等，国土空间开发保护制度致力于通过重新规划与优化国土资源布局，以实现国土资源的可持续发展。这要求我们在实践中，既要注重土地利用的集约与高效，又要避免过度开发与破坏，确保国土空间的有序开发与长期保护。

（2）自然资源资产产权制度和用途管制制度是体系中的另一核心内容。它要求我们对自然资源进行统一确权登记，明确产权归属与权责关系，为自然资源的有效管理与保护提供法律基础。同时，通过建立空间规划体系，划定生产、生活、生态空间开发管制界限，实施严格的用途管制，确保自然资源的合理利用与生态保护。这一制度不仅有助于防止自然资源的过度开发与浪费，还能促进自然资源的集约、节约利用，实现经济效益与生态效益的双赢。

（3）在自然资源用途管制制度中，耕地用途管制和水资源保护制度尤为关键。耕地作为人类生存与发展的物质基础，其合理保护与利用对于维护国家粮食安全与生态安全具有重要意义。因此，我们需要通过制定专项法规，对耕地用途进行细致规范，确保耕地的有效利用与保护。同时，水资源作为生命之源，其管理与保护同样不容忽视。我们需要通过完善水资源管理制度，加强水资源保护与节约利用，确保水资源的可持续供给与生态安全。

（4）生态红线制度是生态环境源头保护制度体系中的重要保障。它通过划定明确的生态红线，严守资源环境保护的底线，确保生态环境不被破坏与污染。生态红线制度包含生态红线、准入红线、总量红线、环境质量红线和制度红线等多个方面，它们相互制约、共同促进，形成了严密的生态环境保护网络。这一制度的实施，不仅有助于提升公众的环保意识与责任感，还能为生态环境保护提供有力的制度保障与法律支持。

生态环境源头保护制度体系是一个全面、系统的生态环境保护框架。它要求我们从国土空间开发保护、自然资源资产产权与用途管制、生态红线制度等多个方面入手，加强生态环境的管理与保护。通过实施这一体系，我们可以有效应对当前生态环境面临的挑战与问题，推动经济社会的可持续发展与生态文明建设的不断深入。

（二）建立以过程补偿为核心的生态补偿制度

生态补偿机制是一项针对区域性生态保护与环境污染防治领域的环境经济政策，它不仅遵循"谁污染谁付费"的原则，还引入了"受益者和破坏者付费"的理念，通过经济激励手段调整生态环境保护和建设相关各方之间的利益关系。为了完善这一机制，我们需要综合考虑生态保护成本、发展机会成本以及外部性成本和生态治理成本，确保生态补偿能够真正起到保护生态环境、促进人与自然和谐共存的作用。

在生态补偿机制的建设中，资源有偿使用制度和环境损害赔偿制度是两个重要的组成部分。资源有偿使用制度强调了对生态资源的合理利用和有效保护。在现代社会，生态系统已经不再是纯粹的自然系统，而是融入了人类劳动和资本的"人化自然系统"。因此，对于自然环境的利用不能仅仅是无偿的索取，而应当伴随着相应的投资和付费。资源有偿使用制度通过制定反映市场供求、资源稀缺程度、生态环境损害成本和修复效益的资源性产品价格形成机制，激励人们进行生态投资，促进生态资本的增值。同时，这一制度也保障了生态资源保护者的合理回报，有助于维持生态投资的持续性。

　　然而，尽管我国已经制定了一些涉及资源有偿使用的制度和措施，但总体上仍显薄弱。为了进一步完善这一制度，我们需要探索更加科学合理的资源性产品价格形成机制，加快开征环境税，完善计征方式，并对受到环境污染的企业和个人给予经济赔偿。这些措施将有助于落实"污染者负担"的原则，分解和传递环境责任，彰显生态公平。

　　另一方面，环境损害赔偿制度作为一项环境民事责任制度，通过对破坏环境行为的否定性评价来引导人们避免从事破坏环境的行为。我国现有的环境损害赔偿制度主要关注对环境污染造成的人身损害、直接财产损害和精神损害的赔偿，但在对环境公益损害、间接财产损害和环境健康损害等方面的赔偿还存在不足。为了完善这一制度，我们需要扩大赔偿范围，将"后代人"和"全人类"的利益纳入考虑范围，实现赔偿的精确化和货币化，用制度来约束和引导人们的行为。

　　环境损害赔偿制度不仅关注事件发生后的赔偿问题，更在于提倡对生态环境的保护意识。通过对破坏环境行为导致环境危害的警醒和明确预期，环境损害赔偿制度有助于增强人们的环保意识，推动生态文明发展观和发展方式的转变。同时，这一制度也通过极端方式告诫人们生态环境保护的重要性，直观展现经济与环境之间的不和谐后果，成为生态文明发展方式的重要指示剂。

　　完善生态补偿机制、加强资源有偿使用制度和环境损害赔偿制度的建设是我国当前修复生态环境、推动生态文明发展的重要手段。通过这些制度的实施和完善，我们可以更好地保护生态环境、促进人与自然和谐共存、实现经济社会的可持续发展。

（三）加快以市端修复为核心的生态修复制度建设

　　在生态系统的末端保护中，鉴于生态系统自身具备一定的修复能力，生态修复成为生态环境保护制度实施的关键环节。生态修复不仅是对受损生态系统进行恢复和管理的主动行为，更是一个涵盖生态系统重建、景观结构修复、生态过程恢复、生态服务功能提升、人文生态修复、生态经济修复以及社会经济修复等多方面的综合过程。简而言之，生态修复是通过生物、生态及工程技术手段，结合自然生态系统的自我恢复能力，将被破坏的生态系统逐步恢复至接近其原始状态或实现其功能的有效替代。

然而，面对经济发展带来的生态环境压力，单纯依靠技术手段进行生态修复已难以满足当前的需求。因此，建立健全的生态修复制度显得尤为重要。在诸多生态修复制度中，耕地的整理及复垦制度和耕地的占补平衡制度占据了核心地位。

耕地的整理及复垦制度是我国土地整合和生态修复的重要手段。通过科学的耕地开发、整理和复垦，可以有效恢复和提升耕地的生产功能，促进土地资源的可持续利用。然而，当前我国在耕地整理及复垦方面的法规尚不完善，实施效果有限。因此，迫切需要健全相关法规，明确耕地开发、整理和复垦的具体标准和流程，加强监管和惩治力度，确保耕地资源的合理利用和生态环境的有效保护。同时，应着重解决土地复垦过程中可能引发的生态环境问题，通过划定耕地红线、加强监督等措施，避免为了短期利益而忽视耕地的可持续使用。

另一方面，耕地的占补平衡制度在保障耕地资源数量和质量方面发挥着重要作用。根据《中华人民共和国土地管理法》的规定，非农业建设占用耕地时，必须按照"占多少、垦多少"的原则进行补偿，确保耕地资源的动态平衡。这一制度不仅有助于维护耕地资源的数量稳定，还能保障耕地的质量不受损害。然而，在实际操作中，占补平衡的实施效果往往受到多种因素的影响。因此，需要进一步完善相关政策和法规，明确占补平衡的具体标准和监管机制，确保耕地占补平衡制度的有效执行。

生态修复制度的建立和完善是保障生态系统健康和可持续发展的重要途径。通过健全耕地的整理及复垦制度和耕地的占补平衡制度，我们可以更好地保护和恢复耕地资源，促进生态与经济的协调发展。同时，这也需要我们不断加强法规建设、提升监管能力、推动科技创新等多方面的努力，以实现生态修复工作的全面升级和高效推进。

三、改进考核评价制度

（一）健全绿色政绩考核评价制度

生态文明建设是一项复杂而系统的工程，它要求政府、企业和社会公众等多方力量的共同参与和协同作用，以形成合力，有效推进生态文明的进程。从政府的角度来看，强化生态责任、创新政府管理并充分发挥政府职能是推进生态文明建设的关键。

在我国传统的政府管理体系中，生态管理职能相对薄弱，往往滞后于经济社会的发展需求。过去，政府过于注重经济发展，忽视了生态环境保护的重要性，导致以牺牲环境为代价换取经济增长的现象屡见不鲜。这种不合理的经济发展模式虽然带来了经济的快速增长，但也带来了严重的环境恶化和资源匮乏问题，甚至使某些地区陷入了发展的困境。鉴于当前公众生态意识相对淡薄，而生态文明建设又涉及人类的长远利益和整体利益，具有投资大、风险高、短期收益相对较少的特点，很难直接满足市场经济主体追求利润最大化的目标。因此，政府需要制定完善的经济政策支持体系，通过加大财政投入、提供税收优惠等激励措施，引导市场经济主体向生态化方向转变，从而破解成本高、风险大的难题。

在完善政策支持体系的同时，政府还应注重创新管理方式，特别是要改进领导干部的考核评价制度。长期以来，我国在干部选拔和任用机制上过于偏重政治和经济业绩，忽视了生态业绩的考察，这在一定程度上加剧了环境保护与经济增长之间的矛盾。为了改变这一现状，政府应建立领导干部绿色政绩考核评价制度，将环保指标纳入干部政绩考核体系之中。绿色政绩考核评价的核心在于完善领导干部的绿色政绩考核制度，通过科学设定考核标准、严格监督考核过程、确保考核结果公正透明，引导领导干部树立正确的政绩观，摒弃片面追求经济增长的错误观念，更加注重环境保护和生态效益。

为了有效实施绿色政绩考核评价制度，政府还需建立一系列配套措施。首先，应建立严密的组织监督和广泛的民主监督相结合的有效制度，拓宽监督渠道，确保考核过程的公正性和透明度。其次，应建立绿色政绩考核的制度保障体系和监督机制，将考核内容、方式和标准法律化、制度化，确保考核工作的规范性和权威性。同时，还应建立绿色政绩公示制度、绿色政绩标准体系等，将考评内容、过程及结果在网上公布，接受广大人民群众的监督。此外，政府还应通过激励机制和惩罚机制相结合的方式，对绿色政绩考核优秀的干部给予物质奖励等鼓励措施，对考核结果较差的干部进行严肃处理，以形成有效的约束和激励效应。

总之，绿色政绩考核评价体系是生态文明制度建设的重要组成部分。通过将绿色 GDP 发展目标纳入领导干部考核体系之中，有助于从环境保护的终端即评价体系上缓解经济建设与资源环境的矛盾；同时也有助于实现对政府官员政绩的更完善、更科学的考察，完善干部考核评价体系。政府应加快出台和完善有关绿色 GDP 核算的环境统计规划、统计制度和统计标准，为绿色 GDP 的实施创造良好的外部条件。通过这些措施的实施，政府将能够更有效地推动生态文明建设进程，实现经济社会的可持续发展。

（二）科学制定生态奖惩制度

针对当前我国经济发展中普遍存在的短视行为，即过分追求眼前利益而忽视长远利益，以及过度重视经济效益而轻视环境效益的问题，我们必须在生态文明制度建设中彻底摒弃这种陈旧的发展观念。其中，转变思想，尤其是领导干部的思想观念，是生态文明建设的首要任务。领导干部的思想观念直接决定了生态文明建设的成败，他们的决策思路和管理理念对于推动生态文明建设具有至关重要的作用。

为了有效推进生态文明制度建设，我们不仅要按照中央的要求，努力完善经济社会发展考核评价体系，还要将资源消耗、环境损害、生态效益等能够体现生态文明建设状况的指标纳入经济社会发展评价体系，特别是干部考核评价体系之中。这意味着我们需要建立一套体现生态文明要求的目标体系、考核办法和奖惩机制，将生态文明建设的理念从抽象的"口号"转化为具体、可操作的任务。

然而，在现实社会中，由于生态价值的公共性，往往出现一方在享受生态价值的同时，却损害了另一方的经济利益的情况。这导致一些个人、企业甚至团体在污染和破坏环境后，并未付出相应的经济成本，而积极保护生态环境的部门或单位却得不到应有的经济利益保障。这种生态价值与经济利益的不对等，严重影响了社会的公平公正和可持续发展。

为了解决这一问题，我们必须明确生态价值的所有权，并建立完善的生态奖惩机制。这不仅可以改善社会的生态环保风尚，还能促进生态文明制度建设的健康发展。科学的生态奖惩制度应当依据绿色考评制度的具体要求，将生态建设及保护的成果纳入干部考核体系之中，进一步完善干部考核制度的评价标准。具体来说，环境保护、污染治理等涉及生态文明建设成果的内容应成为考核干部任免、奖惩的重要依据之一，以此来更全面地衡量干部的政绩。

生态奖惩制度应包括奖励和惩罚两个方面。对于积极保护生态环境、创造生态价值的干部和企业，应给予相应的奖励和政策支持；而对于忽视生态价值、破坏环境的干部和企业，则应实施严厉的惩罚措施，增加其环境破坏的成本。这种奖惩机制旨在激励人们树立生态保护意识，将生态保护从一种外在要求内化为自觉行动，形成一种对环境保护的集体认同感，从而营造生态文明建设的良好氛围。

总之，科学的生态奖惩制度以绿色的考评制度为前提，不仅体现了经济社会的发展要求，也是干部政绩考核的重要评价体系之一。通过这一制度，我们旨在激励人们的生态保护意识，推动生态文明建设向更高水平发展，最终实现人们自觉保护生态环境的目标。

（三）严格责任追究制度

绿色政绩考核体系是一个全面而严格的评价体系，它不仅涵盖了政绩考核、奖惩评价等核心内容，还特别强调了责任追究制度的重要性。这一体系旨在通过明确生态环境保护的责任主体，将生态文明建设的责任切实落实到每一个承担领导和管理职责的政府部门及其官员身上。通过构建包括政治责任、民事责任、行政责任和刑事责任在内的严密责任体系，绿色政绩考核体系确保了生态环境保护工作的严肃性和有效性。

然而，要真正发挥绿色政绩考核体系的作用，还需要进一步完善生态环境保护的责任追究制度。当前，我国在这一方面仍存在不足，需要建立更加严格、更加完善的责任追究机制。具体而言，应依据生态环境保护的权利与责任相统一的原则，将环境保护责任明确到具体的部门和官员身上，确保在出现生态环境问题时能够迅速找到责任主体，并依法追究其责任。

为了进一步增强领导干部的生态责任意识，我国已经在新修订的《环保法》中明确规定了对主要负责的领导干部实行"引咎辞职"政策。同时，《生态文明体制改革总体方案》也提出了建立生态环境损害责任追究制的具体要求，实行地方党委和政府领导成员生态文明建设一岗双责制。这些政策的出台，为完善生态环境保护责任追究制度提供了有力的制度保障。

在责任追究制度中，终身追责是一个至关重要的原则。它要求领导干部在任职期间对生态环境造成的损害承担终身责任，即使离任后也不能逃避责任追究。这一原则的实施，有助于增强领导干部的责任感和使命感，促使他们在任职期间更加重视生态环境保护工作。

为了确保绿色政绩考核体系的有效运行，还需要将其与领导干部自然资源资产离任审计等制度相结合。通过建立评价考核与领导干部自然资源资产离任审计联动机制，将任期内生态文明建设年度评价排序靠后、五年考核不合格或多次发生重大生态环境破坏事件的地区领导干部作为重点审计对象，进一步加强对领导干部生态环境保护工作的监督和管理。

总之，完善领导干部的绿色政绩考核评价体系是生态文明制度建设的重要组成部分。这一体系的完善不仅需要改革政绩评价标准，转变"唯 GDP 至上"的干部政绩评价体系，实施绿色的政绩考核评价制度；还需要完善生态环境保护的责任追究制度，明确将环境保护纳入政府决策者政绩的考核体系之中。只有这样，才能确保生态文明建设工作的有效推进和持续发展。同时，政府决策者应树立"环境保护与经济增长同等重要"的观念，层层签订生态环境建设目标责任制，督促行使环保职能，抑制地方保护主义。最终，通过建立和完善职能有机统一、运转协调高效的生态环保监督管理机制，将生态文明建设纳入依法治理轨道，推动我国生态文明建设的不断深入和发展。

四、培育生态文化

（一）建立全民生态文明宣传教育制度

生态文明建设作为关乎人民福祉与民族未来的重大事业，其成功推进离不开全民的广泛参与和深入支持。在这一过程中，利用新型媒体传播生态文明意识，不仅能够有效提升公众对生态文明建设的认知与参与度，还是完善公众生态文明宣传教育体系的关键一环。

为了更有效地普及生态文明观念，我们首先需要创新生态文明宣传方式。这包括广泛利用环境知识科普日、生态宣传周等活动形式，将生态文明理念融入人们的日常生活之中。通过这些活动，我们可以引导全社会树立尊重自然、顺应自然、保护自然的生态文明理念，并鼓励人们养成绿色、低碳、环保的生产生活习惯。

在加强生态文明宣传教育的过程中，提升群众的生态忧患意识至关重要。通过忧患意识教育，我们可以帮助人们深刻认识到当前资源危机和环境恶化的严峻形势，从而激发他们参与生态文明建设的紧迫感和责任感。这种教育不仅有助于提升公众对生态问题的认知水平，还能促使他们更加积极地投身于生态文明建设的实践之中。

为了动员更多群众参与生态文明建设，我们需要建立一套全面而有效的参与机制。这包括建设动员机制，针对不同群体设计差异化的宣传策略，以激发其参与生态文明建设的热情；建立推动机制，利用多种平台和渠道传播生态文明理念，使其深入人心；建设技术支撑机制，借助现代科技手段提升生态文明宣传的效率和影响力；建设文化推广机制，通过高质量的环境文化作品营造浓厚的生态文明建设氛围；以及建设生态政绩考核推广机制，推动各级政府树立绿色政绩观，将生态文明建设成效纳入考核体系。

此外，我们还需要不断创新生态文明宣传教育模式，以适应信息时代的传播特点。这要求我们在丰富宣传内容的同时，也要注重宣传形式的创新，如采用图文并茂、立体化的宣传手法，以及举办环保情景剧、环保动画设计大赛等富有创意的活动。通过这些活动，我们可以让生态文明理念以更加生动、有趣的方式深入人心，从而提高全社会的生态文明教育水平。

在推进生态文明宣传教育制度建设的过程中，我们还需要注重参与主体的多元化。除了政府的环保、宣传、教育组织外，还可以积极联合志愿者群体、民间组织等社会力量，共同发挥各自的优势和作用。通过政府与群众的密切配合和共同努力，我们可以为生态文明制度建设打下坚实的群众基础，推动生态文明事业不断向前发展。

（二）建立学校学生生态文明教育制度

学生是国家的未来与希望，他们承载着传承人类文明和社会发展的重要使命，其世界观、人生观及价值观对于未来社会的发展方向具有深远的影响。因此，加强学校对学生的生态文明教育，不仅对于提升学生的个人素养具有重要意义，更是推动全社会生态文明建设的关键环节。

为了实现这一目标，学校应率先垂范，积极转变校园发展模式，致力于建设节约型、绿色化校园。这意味着学校要在日常运营中贯彻节约、环保的理念，引导学生从身边的小事做起，如节约用水、用电，减少一次性用品的使用，培养符合生态文明要求的行为习惯。同时，通过实施绿色管理模式，开展绿色教育活动，如组织学生参与校园绿化、美化工作，让学生在实践中增强环境保护意识，提升生态文明建设的实际能力。

此外，学校还应将生态文明建设的教育理念纳入各级学校的必修课程体系中。课堂作为教育的主阵地，具有规范性和直接性的特点，能够集中、系统地传授生态文明知识。学校应充分利用这一优势，与环保部门紧密合作，共同开发生态文明教育课程，确保教学内容与实践紧密结合。通过灵活多样的教学方式，如课外实践、课外调查等，激发学生的学习兴趣，提高教学效果。

除了课堂教学外，学校还应积极组织社会实践活动，让学生亲身体验生态文明建设带来的环境变化。通过参与环境保护、绿色校园等主题的文化活动，学生不仅能够加深对生态文明理念的理解，还能提升实践能力。同时，学校可以与相关环保建设部门合作，组织学生参观生态文明建设试点和环保节能场所，通过实地考察和现场感受，让学生切实体会到生态文明建设的重要性和紧迫性。

学校作为生态文明教育的主要阵地，应充分利用校园宣传、课堂教学、社会实践等多种形式，开展丰富多彩的生态文明宣传教育活动。通过这些活动，学生不仅能够学习到生态文明的相关知识，还能了解自然及生态环境的发展规律，提高对保护生态环境的认识。同时，这些活动还能够对周围社区的生态文明建设起到示范和引导作用，推动整个社会的生态文明建设水平不断提升。因此，加强学校生态文明教育对于培养具有生态文明素养的未来公民、推动社会可持续发展具有重要意义。

（三）完善企业的生态文明培育制度

在推进生态文明建设的进程中，企业的角色至关重要，它们不仅是经济活动的主体，也是环境保护的重要参与者。因此，生态文明宣传教育不应仅限于公众层面，更应深入到企业内部，对企业的生态文明制度进行培育和完善。

首先，企业应强化生态宣传意识，将环境环保宣传纳入日常行政工作中，建立健全与社会发展相适应的企业环保体制。这包括完善企业的生态文明宣传制度，确保环保宣传成为企业文化的一部分。与学校教育不同，企业的生态文明制度建设应侧重于普及环境保护法律法规，明确企业的环保责任，推动企业转变生产方式，自觉参与生态保护活动，履行保护生态环境的义务。同时，企业应利用其生产和技术优势，分析并反思我国现实生态问题，积极宣传节能减排等绿色生产技术，推广绿色生产方式，加强生态文明的理论宣传和实践教育。

其次，倡导企业绿色文化，构建企业生态文化宣传机制，提高企业生态社会责任意识。尽管政府已出台相关生态环境保护的法规政策，但部分企业仍因绿色生产意识淡薄，过于注重经济效益而忽视了绿色产品的开发和生态环境的保护。因此，必须增强企业的生态文化教育，培育绿色文化，促使企业树立生态环保理念，积极履行生态环保职责。

此外，完善企业生态文明培育制度还需大力开发绿色技术，实施绿色生产。一方面，通过宣传绿色技术的重大意义，提高全社会对绿色技术的认知度，激发企业开发绿色技术的积极性；另一方面，以绿色消费为驱动，提高国民对绿色产品的认可度，进而促进企业绿色技术的研发和推广。通过这一系列措施，企业不仅能在经济效益上取得突破，更能在生态文明建设中发挥积极作用，实现经济效益与生态效益的双赢。

第二节　坚持和完善生态文明制度体系的战略重点

一、建立健全资源领域制度

（一）全面建立资源高效利用制度

在人类对自然资源的开发利用过程中，我们必须秉持一种既满足当代人需求又不损害后代人利益的原则，这既是对当代人负责的体现，也是对未来世代的承诺。传统的"大量生产、大量消耗、大量排放"的生产和消费模式已经难以为继，它导致了资源的过度开采、环境的严重破坏以及生态系统的失衡。为了改变这一现状，我们必须探索一种新的资源利用和生产生活方式，即将经济活动、人类行为严格限制在自然资源和生态环境能够承受的范围内，实现资源、生产、消费的和谐匹配，以最小的资源环境代价换取最大的经济社会效益。

为了实现这一目标，我们需要从制度层面入手，树立节约集约循环利用的资源观，实行资源总量管理和全面节约制度。这包括强化约束性指标管理，对能源、水资源消耗以及建设用地等实施总量和强度双控行动，确保资源的合理利用和有效保护。同时，我们还需加快建立健全能够充分反映市场供求和资源稀缺程度，体现生态价值和环境损害成本的资源环境价格机制，以经济手段促进资源的节约和生态环境的保护。

在加快资源价格形成机制方面，我们必须深刻认识到市场导向的重要性。资源价格的形成应既满足民生需求，又兼顾环境保护，通过市场机制实现资源的供需均衡和高效配置。政府应逐步转变角色，从直接的价格制定者和管制者转变为市场经济价格的制定者、调控者和监管者，通过法律法规确保市场交易的公平性和透明度。此外，完善资源环境税收制度也是推动资源高效利用的重要手段，通过税收激励和约束机制促进资源的节约利用和环境保护。

针对国有自然资源有偿使用制度存在的问题，我们必须加快推进其改革。这包括完善各类自然资源的有偿使用制度和收费标准，确保资源使用的透明度和公正性；加强用途管制和依法管理，防止乱采滥伐、非法占用等行为；明晰产权、丰富权能，提高资源的市场流动性，激发市场活力；以及通过科学合理的定价机制体现自然资源的价值和权益，引导资源使用者采取环保措施，减少资源浪费和环境污染。

具体而言，对于国有土地、水资源、矿产资源、国有森林资源、国有草原和海域海岛等自然资源，我们应制定和完善相关法律法规，明确有偿使用规则和收费标准，并加强执法力度和监管机制建设。同时，通过确权登记明确各类自然资源的所有权、使用权和收益权，保障权利人的合法权益，并允许使用权的流转、抵押、租赁等，提高资源的市场流动性。此外，我们还应通过税收、补贴等经济手段引导资源使用者节约和高效利用资源，为资源保护和环境修复提供资金支持。

总之，推进资源高效利用和生态环境保护是我们共同的责任和使命。通过加快资源价格形成机制改革和国有自然资源有偿使用制度改革等措施的实施，我们可以促进资源的合理利用和有效保护，实现经济社会与自然环境的和谐共生。这不仅是对当代人的负责体现，更是对未来世代的庄严承诺。

（二）建立自然资源产权制度

自然资源资产产权制度改革是当前生态文明建设的重要组成部分，它对于促进资源的合理利用与保护，推动经济社会可持续发展具有重要意义。近年来，我国在自然资源资产产权制度改革方面取得了显著进展，但仍面临诸多挑战，需要进一步深化改革，完善相关制度。

1. 加快建立自然资源统一确权登记系统

建立自然资源统一确权登记系统是完善自然资源资产产权制度的基础性工程，对于明确产权主体、保障资源合理利用和有效保护至关重要。

（1）全面覆盖，确保无遗漏。确权登记工作应涵盖我国全部国土空间内的各类自然资源资产，包括但不限于水流、森林、山岭、草原、荒地、滩涂等自然生态空间。通过全面确权登记，可以清晰界定各类自然资源的产权归属，为后续的资源管理和保护提供坚实基础。

（2）明确权属，划清边界。在确权登记过程中，必须明确各类自然资源的产权主体，包括全民所有和集体所有的边界，以及不同层级政府行使所有权的边界。同时，还要划清不同集体所有者的边界和不同类型自然资源的边界，确保产权关系的清晰和稳定。

（3）法治保障，规范流程。推进确权登记法治化是确保工作顺利进行的关键。应制定和完善相关法律法规，明确确权登记的程序、标准和要求，确保确权登记的合法性和权威性。同时，加强监督和管理，防止权力滥用和腐败行为，确保确权登记的公开、公平、公正。

（4）信息化建设，提升效率。政府应建立健全确权登记的信息平台，利用现代信息技术手段提高确权登记的效率和准确性。通过信息共享和公开透明，方便公众查询和监督，增强确权登记的公信力和社会认可度。

2. **建立权责明确的自然资源产权体系**

建立权责明确的自然资源产权体系是完善自然资源资产产权制度的核心内容，对于促进资源高效利用和保护具有重要意义。

（1）明确所有权与使用权关系。应清晰界定自然资源的所有权和使用权的关系，创新所有权实现形式，推动所有权和使用权的适当分离。通过明确权利边界，优化资源配置，提高资源利用效率。

（2）制定权利清单，明确权责。应按照国家相关法律，制定自然资源产权的权利清单，明确各类自然资源产权主体的权利和义务范围。这包括占有、使用、收益、处分等方面的权利归属关系和相应的义务要求。通过明确权责，减少资源纠纷，增强产权主体的责任感和管理能力。

（3）扩大使用权能，激发市场活力。应适度扩大使用权的出让、转让、出租、抵押、担保、入股等权能，激发市场活力，促进资源的优化配置。通过赋予使用权更多的权能，可以吸引更多社会资本投入自然资源保护和利用领域，推动资源产业的转型升级和可持续发展。

（4）加强监管，保障权益。政府应加强对自然资源产权的监督管理，确保各类产权主体在行使权利时遵守法律法规，履行相应的义务。通过建立健全监管机制和信息公开制度，保障公众的知情权和参与权，维护社会公平正义。同时，加大对违法违规行为的惩处力度，形成有效的震慑作用。

3. **建立完善统一行使全民所有自然资源资产所有者职责的机构**

健全国家自然资源资产管理体制，是确保自然资源高效利用和有效保护的关键所在。为此，我们需要积极探索并实践由新组建的自然资源部统一行使全民所有自然资源资产所有者职责的新模式，通过明确职责分工、优化管理机制，来推动各类自然资源的合理配置与可持续利用。

在这一过程中，我们首要的任务是按照资源的种类及其在生态、经济、国防等领域的重要性，研究并确立中央和地方政府分级代理行使所有权的体制。这一分级管理体制旨在明确各级政府在自然资源管理中的具体职责，避免管理上的重叠与冲突，从而提升管理效率与效果。

具体来说，我们需要细致划分全民所有中央政府直接行使所有权与全民所有地方政府行使所有权的资源清单及空间范围。中央政府将直接负责以下几类重要资源的所有权行使。

（1）石油天然气。作为国家能源安全的核心要素，石油天然气的勘探、开发及利用需由中央政府统一规划与调度，确保国家战略能源的稳定供应与安全。

（2）贵重稀有矿产资源。这类资源因其独特的经济价值与战略意义，需由中央政府直接管理，以合理保护与高效利用，避免资源浪费与流失。

（3）重点国有林区。作为国家重要的生态屏障，重点国有林区的保护与管理须由中央政府统一负责，以维护国家生态安全，促进生态文明建设。

（4）大江大河大湖及跨境河流。这些水资源关乎国家水资源安全与生态环境保护，需由中央政府进行统一管理与协调，确保水资源的合理利用与生态保护。

（5）生态功能重要的湿地草原。这些区域对维护生态平衡与生物多样性至关重要，需由中央政府直接管理，以加强生态保护与恢复工作。

（6）海域滩涂。作为重要的海洋资源，海域滩涂的保护与利用需由中央政府统一规划，确保海洋生态环境的健康与资源的可持续利用。

（7）珍稀野生动植物种。这些物种是国家的宝贵自然遗产，需由中央政府直接管理，以加强物种保护与研究工作，防止物种灭绝。

（8）部分国家公园。国家公园作为重要的自然保护地，需由中央政府统一规划与管理，以加强自然遗产保护与生态旅游开发。

对于其他类型的自然资源，则可由地方政府根据本地实际情况行使所有权。地方政府在行使所有权时，应严格遵守国家法律法规与政策要求，确保资源的合理利用与有效保护。同时，地方政府还需加强与中央政府的沟通协调，确保各项管理措施的一致性与有效性。

此外，新组建的自然资源部还需建立健全统一的管理机制，明确各级政府在自然资源管理中的具体职责与协作方式。通过制定详细的管理规章与操作流程，提升管理的规范性与科学性。同时，加强信息化建设，构建统一的自然资源信息平台，实现资源数据的共享与公开，提升管理的透明度与公信力。通过这些措施的实施，我们将能够进一步完善国家自然资源资产管理体制，推动自然资源的可持续利用与有效保护。

二、健全生态修复和损害补偿机制

建立生态文明建设目标评价考核制度，是推进生态文明建设的重要保障。该制度旨在通过强化环境保护、自然资源管控、节能减排等约束性指标管理，严格落实企业主体责任和政府监管责任，确保生态文明建设各项任务得到有效落实。为实现这一目标，我们需要开展领导干部自然资源资产离任审计，推进生态环境保护综合行政执法，落实生态环境保护督查制度，并健全生态环境监测和评价制度。

在生态文明建设过程中，我们特别强调党政同责的原则。由于之前党内的规定和国家法律法规中对于党委在环境保护方面的具体责任尚不明确，导致在环保事故发生时，往往只有政府系统监管人员受到处罚，而党委的环保责任则被虚化。为了改变这一状况，我们必须在生态环境保护责任追究制度中明确地方各级党委政府领导成员的责任，实现追责对象的全覆盖。这不仅是责任制度内容的重大突破，也是党政同责原则的具体体现。

为了构建现代环境治理体系，我们需要在党委领导下，政府主导，企业主体，社会组织和公众共同参与下，明确各方责任，形成合力。根据《关于构建现代环境治理体系的指导意见》，我们要健全环境治理领导责任体系，完善中央统筹、省负总责、市县抓落实的工作机制。党中央、国务院负责制定生态环境保护的大政方针和总体目标，省级党委和政府则负责贯彻执行并加大资金投入，市县党委和政府则需具体落实监管执法、市场规范等工作。

在明确责任的同时，我们还需要突出行政问责的重要性。资源环境作为公共产品，一旦受到损害和破坏，必须追究相关责任人的责任。为此，我们要建立环保督察工作机制，完善领导干部目标责任考核制度，并坚持依法依规、客观公正、科学认定、权责一致、终身追究的原则。对于在决策、执行、监管中出现问题的领导干部，必须严肃追责。

在行政问责方面，我们需要实现三个转变：

（1）从权力问责转向制度问责，确保问责过程严格依法进行；

（2）从同体问责转向异体问责，建立由不同问责主体共同参与的问责机制；

（3）从政府单一问责转向公民集体问责，增强公众对生态环境保护的参与度和监督力。

这些转变将有助于提升行政问责的公正性、有效性和透明度，从而推动生态文明建设的深入发展。

此外，我们还需要完善生态环境公益诉讼制度、生态补偿制度和生态环境损害赔偿制度等相关制度，以全面加强生态环境保护的法律保障。对于造成生态环境损害的领导干部，必须实行生态环境损害责任终身追究制，确保他们在任期内对生态环境负责到底。通过这些措施的实施，我们将能够构建一个更加完善、更加有效的生态文明建设制度体系，为推动我国生态文明建设事业提供有力保障。

三、严明生态保护责任制度

（一）科学界定保护者与受益者权利义务

在推进生态环境保护的过程中，科学界定保护者与受益者的权利义务是至关重要的。首先，我们需要加快形成受益者付费、保护者得到合理补偿的运行机制。这一机制旨在通过市场机制调节，使生态保护的成本与收益相匹配，从而激发社会公众参与生态环境保护的积极性。政府应发挥主导作用，完善相关法规政策，创新体制机制，拓宽补偿渠道，确保保护者能够获得应有的经济回报。

具体而言，政府可以制定明确的补偿标准和程序，确保保护者能够便捷地获得补偿。同时，通过税收优惠、资金补贴等方式，鼓励企业和个人积极参与生态保护活动。此外，政府还应加强宣传教育，提高社会公众对生态保护的认识和重视程度，引导更多人参与到生态保护中来。

为了建立稳定的补偿投入机制，我们需要多渠道筹措资金，加大生态保护补偿力度。中央财政可以通过提高均衡性转移支付系数等方式，逐步增加对重点生态功能区的转移支付，确保这些地区有足够的资金用于生态保护。同时，省级政府也应建立相应的生态保护补偿资金投入机制，形成上下联动的补偿体系。

在跨流域、跨区域的生态保护中，我们应健全生态保护补偿机制，鼓励受益地区与保护生态地区、流域下游与上游之间建立横向补偿关系。这种补偿关系可以通过资金补偿、对口协作、产业转移、人才培训、共建园区等多种方式实现，促进区域间的协调发展。

此外，针对当前生态环境保护面临的迫切问题，如严重污染水体、重要水域、重点城镇生态治理等，中央财政应优先给予支持。通过实施精准考核，将生态环境质量改善作为核心指标，强化资金分配与生态保护成效的挂钩机制，确保保护环境的地方不吃亏、能受益。

为了进一步完善生态保护补偿制度，我们还应加快建立生态保护补偿标准体系。根据各领域、不同类型地区的特点，以生态产品产出能力为基础，完善测算方法，分别制定补偿标准。这将有助于确保补偿的公平性和合理性，提高生态保护的效果和可持续性。

（二）实行资源有偿使用制度和生态补偿制度

为了促进资源的合理利用和生态环境的保护，我们需要实行资源有偿使用制度和生态补偿制度。首先，加快自然资源及其产品价格改革是必要之举。通过全面反映市场供求、资源稀缺程度、生态环境损害成本和修复效益等因素，合理定价自然资源及其产品，使市场机制在资源配置中发挥决定性作用。

在这一过程中，我们应坚持使用资源付费和谁污染环境、谁破坏生态谁付费的原则。这意味着无论是占用自然生态空间还是污染环境、破坏生态，都需要承担相应的经济责任。通过逐步将资源税扩展到各种自然生态空间，我们可以有效调节资源利用行为，促进资源的节约和高效利用。

同时，我们还应坚持谁受益、谁补偿的原则，完善对重点生态功能区的生态补偿机制。这意味着那些从生态保护中受益的地区或群体需要向保护者提供合理的经济补偿或其他形式的支持。通过推动地区间建立横向生态补偿制度，我们可以实现生态保护责任的共担和利益的共享。

为了进一步发展环保市场，我们可以推行节能量、碳排放权、排污权、水权交易制度。这些制度的实施将有助于吸引社会资本投入生态环境保护领域，形成多元化的投资渠道和融资机制。同时，通过环境污染第三方治理等市场化手段的运用，我们可以进一步提高生态环境治理的效率和效果。

最后，针对不同生态系统（如森林、草原、湿地等），我们需要分别制定各领域生态补偿实施办法。这些办法应明确补偿主体、受益主体、补偿程序、监管措施等关键要素，确保生态补偿制度的有效实施。通过形成奖优罚劣的生态补偿机制，我们可以激励更多人积极参与到生态保护中来，共同推动生态环境的持续改善。

（三）实行终身追责

鉴于生态环境保护工作的长期性、专业性和广泛性，建立党政领导干部生态环境损害终身责任追究制度显得尤为重要。这一制度旨在确保领导干部在任期内对生态环境保护负起持续责任，即便离任后，若其决策或行为导致重大生态环境损害，仍需承担相应责任。

（1）应延长追责周期以匹配生态环境保护的长期性。鉴于生态环境问题的复杂性和治理效果的滞后性，追责不应仅限于领导干部的任期内。当生态环境出现恶化，且这种恶化超出预期评估时，即便领导干部已离任，也应启动追责程序。恶化程度越高，追责力度应相应加大，以确保生态环境保护工作的严肃性和有效性。

（2）需对资源消耗、生态环境收益与领导干部任期绩效进行综合评估。在评价领导干部的生态保护成效时，应充分考虑其在任期内对资源环境的实际影响。通过科学的方法衡量资源的损耗和环境的收益，将这一评估结果与领导干部的任期绩效挂钩。这要求强化生态环境项目的科学论证和评估工作，确保项目从立项到实施都经过严格的环境影响评价，避免地方政府的不当干预和形式主义倾向。若项目论证和评估过程存在问题，相关责任人同样应受到问责。

（3）鼓励社会力量参与环境问责过程。生态环境保护关乎国家、政府、社会组织、企业法人及每位公民的共同利益。因此，在生态环境项目的立项和实施阶段，应积极与利益相关方和社会组织沟通协商，广泛听取各方意见，确保项目决策的科学性和民主性。同时，通过教育和宣传提高公众的环保意识，引导他们积极参与生态环境监督工作，形成全社会共同关注和参与生态环境保护的良好氛围。这样不仅能增强环境问责的透明度和公信力，还能有效促进生态环境的持续改善。

四、构建生态安全体系

（一）构建国家生态安全体系

1. 加强国家生态安全法治建设

在全球化日益加深的今天，生态安全问题已成为全球共同面临的挑战，加强国家生态安全的法治建设显得尤为重要。当前，尽管我国在生态立法方面已取得一定进展，但仍存在系统性和完整性不足的问题，多头执法、选择性执法等现象时有发生，严重制约了生态安全法治的有效实施。

为进一步加强国家生态安全的法治保障，我们应从立法、执法、监督和国际合作等多个方面入手。

（1）在立法层面，需基于国家生态安全的实际需求，不断完善和优化现有法律法规体系，制定和出台一系列具有中国特色的国家生态安全法律法规，如《国家生态安全法》《生态环境保护法》等，确保法律体系的系统性和协调性。同时，要注重法律的可操作性和适用性，明确法律条款的具体执行标准和程序，为法律的有效落地提供有力保障。

（2）在执法层面，应加大对违法行为的打击力度，确保法律法规的严肃性和权威性。为此，需加强多部门联合执法机制建设，形成执法合力，共同应对生态安全领域的违法违规行为。此外，还应加强对执法人员的培训和考核，提高其专业素质和执法能力，确保执法过程的公正、透明和高效。

（3）在监督层面，应完善民主监督制度，鼓励公众积极参与生态安全监督。通过加强生态安全法治教育，提高广大干部群众的生态安全意识和法治观念，使其能够主动监督和举报危害国家生态安全的行为。同时，应建立健全举报奖励制度，激发公众参与生态安全监督的积极性，形成全社会共同参与的良好氛围。

（4）在国际合作方面，应积极参与国际生态安全合作与交流，借鉴国际先进经验和技术手段，不断完善我国的生态安全法治体系。通过加强与国际组织的合作与沟通，共同应对全球生态安全挑战，推动构建人类命运共同体。

2. 加快国家生态安全体制机制建设

为确保国家生态安全战略的顺利实施和有效推进，必须加快国家生态安全体制机制建设。这不仅是保障国家生态安全的重要基石，也是推动生态文明建设和可持续发展的关键举措。

（1）国家层面应建立有效的监督考核与问责机制。通过设立专门的国家生态安全委员会等机构，统筹协调全国的生态安全工作，制定统一的政策和标准，指导和监督各级政府的实施情况。同时，应定期发布国家生态安全报告，评估各项政策措施的执行效果，及时调整和完善相关制度。此外，还应将国家生态安全工作纳入领导干部政绩考核体系，通过科学的考核机制激励各级领导干部重视和抓好生态安全工作。

（2）各级党委和政府应切实承担起本辖区生态安全工作的主体责任。将国家生态安全工作纳入国民经济和社会发展规划之中，确保生态安全与经济社会发展同步推进。同时，应建立健全问责机制对失职、渎职行为进行严肃追责以强化干部的责任意识和担当精神。具体措施包括建立严格的追责制度、加强监督检查以及加大宣传教育力度等。

（3）还需整合相关组织机构并明确各部门职责以避免多头管理和职责不清的问题。通过整合环保、自然资源、林业、水利等部门的职能形成统一的生态安全管理体制并加强部门间的信息共享和协作配合以提高工作效率和协同作战能力。例如环保部门可负责环境监测和污染防治工作；自然资源部门则专注于资源管理和生态修复；林业部门负责森林保护和野生动植物管理；水利部门则承担水资源管理和水生态保护等职责。通过明确分工和密切合作确保各项生态安全工作有序推进并取得实效。

3. 建立国家生态安全评估预警体系

为了全面保障国家生态安全，必须构建一套科学、高效的评估预警体系。在当前信息化时代背景下，我们应充分利用大数据、空间分析、信息集成以及"互联网＋"等先进技术，致力于打造一个综合性的国家生态安全数据库。这个数据库将涵盖大气、水体、土壤、森林、草原、湿地、海洋等自然生态系统的全面数据，同时纳入工业污染、农业面源污染以及城市化进程中产生的环境问题等人为因素数据。通过大数据技术的高效整合，我们能够从不同部门和渠道获取实时、全面的生态信息，为后续的生态安全评估提供坚实的数据基础。

在数据分析与评估方面，我们将综合运用多种技术手段，包括空间分析、信息集成和"互联网＋"技术，以实现对生态安全现状及动态变化的精准把握。空间分析技术将帮助我们直观展示生态系统的空间分布和变化趋势，而信息集成技术则能融合不同来源的数据，揭示生态安全问题的深层次原因。此外，"互联网＋"技术的实时数据采集和传输能力，将极大提升我们监测的时效性和准确性，确保评估结果的科学性和可靠性。

基于上述数据分析，我们将建立国家生态安全评估预警体系，该体系将涵盖警情评估、发布与应对三大环节。在警情评估方面，我们将构建科学的评估模型和指标体系，定期对生态安全状况进行全面评估，及时识别潜在的风险点和薄弱环节。在警情发布环节，我们将设立统一的信息发布平台，确保生态安全预警信息能够迅速、准确地传达给公众和相关部门，提高全社会的防范意识。在警情应对方面，我们将制定详细的应急预案，明确各部门的职责和应对措施，确保在紧急情况下能够迅速响应，有效处置生态安全问题。

为确保评估预警体系的有效运行，我们还将建立健全的运行机制。这包括建立跨部门的协调机制，促进各部门在数据共享、信息交流、联合行动等方面的紧密合作；设立专家咨询机制，邀请生态环境、信息技术等领域的权威专家参与评估预警工作，提高评估的科学性和权威性；同时，我们还将建立公众参与机制，鼓励社会各界积极参与生态安全的监督和管理，形成全社会共同维护生态安全的良好氛围。

4. 开展国家生态安全保障重大工程

为了全面提升国家生态安全水平，我们必须从顶层设计入手，统筹规划国家生态安全保障重大工程。针对当前生态安全领域存在的关键问题，如水土流失、沙漠化、生物多样性丧失等，我们将进行系统性调查与评估，明确治理目标和路径，制定长期的综合治理方案。这些方案将注重各项措施的协调性和连贯性，确保生态治理工作的科学性和有效性。

在整合现有各类重大工程方面，我们将加强跨部门、跨区域的协调合作，打破条块分割和部门壁垒，形成生态保护合力。通过整合天然林保护、退耕还林、水土保持等现有工程资源，我们将优化资源配置，避免重复建设，提高资源利用效率。同时，我们还将加强工程之间的衔接与配合，形成生态保护、经济发展和民生改善的协调联动机制。

在构建协调联动机制方面，我们将注重生态保护与经济发展的有机结合。通过发展生态农业、生态旅游等绿色产业，我们将促进地方经济发展与生态保护的双赢局面。同时，我们还将关注民生改善问题，通过改善生态环境质量，提高人民的生活水平和幸福感。此外，我们还将充分发挥人力、物力、资金的最大效率，优化资金使用结构，加强项目管理，培养专业人才，确保国家生态安全保障重大工程的顺利实施和高效运行。

（二）维护全球生态安全

建设一个绿色、健康、和谐的地球家园，是全人类共同的梦想与追求。随着全球化的深入发展，地球村的轮廓日益清晰，各国之间的联系也日益紧密，生态问题因此超越了国界，成为全球性的挑战。气候变化、生物多样性丧失、环境污染等生态危机，不仅威胁着单个国家的生存和发展，更对全球生态系统和人类居住环境构成了严峻挑战。面对这些全球性生态问题，任何国家都无法置身事外或独善其身，携手合作、共同应对成为建设美好地球家园的必然选择。

生态问题的全球性特征，决定了各国必须加强环境保护的国际合作。气候变化导致的极端天气事件频发、海平面上升威胁沿海和岛屿国家的生存、塑料垃圾污染海洋生态系统等，这些问题都需要各国在国际舞台上加强对话与合作，共同制定和实施应对策略。通过分享经验、技术和资金，各国可以更有效地推进环境保护项目，共同应对生态危机。

加强环境保护的国际合作，不仅是生态文明建设的必然选择，也是实现全球可持续发展的关键路径。在全球化背景下，各国形成了你中有我、我中有你的人类命运共同体，这种相互依存的关系要求各国在环境保护方面达成共识，共同承担责任。通过国际组织和多边机制，如联合国环境规划署、世界自然基金会等，各国可以加强沟通协作，共同推进环境保护事业。例如，国际碳交易市场的建立，不仅为减排提供了经济激励，还促进了环保技术的传播和创新，为全球生态安全贡献了力量。

同呼吸、共命运，已成为人类共同面对的课题。生态问题的全球性影响，使得每一个国家、每一个人都无法置身事外。无论是发达国家还是发展中国家，无论是城市还是农村，都需要承担起保护环境的责任。通过全球性的环保教育和公众参与活动，如"地球一小时"等，可以提高人们的环保意识，形成全社会共同参与环保事业的良好氛围。这种全球性的行动和共识，有助于推动各国在环境保护方面采取更加积极有效的措施。

最终，加强国际合作是实现全球可持续发展的关键所在。可持续发展要求经济发展与环境保护相协调，同时强调社会公平与全球正义。通过国际协议和合作机制，如《巴黎协定》《生物多样性公约》等，各国可以共同应对气候变化、保护生物多样性、减少环境污染等全球性挑战。这些协议和机制为全球生态安全提供了法律和制度保障，确保各国在共同目标下采取一致行动，推动全球可持续发展进程不断向前迈进。

第三节　国家治理视域下中国生态文明制度建设的路径优化

一、加强党对环境保护的领导

（一）全面加强党对生态环境保护的领导

全面加强党对生态环境保护的领导，不仅是推进生态文明建设的政治保障，也是实现环境治理现代化的关键所在。党的领导是确保环境治理方向正确、措施有力的根本，对于打赢污染防治攻坚战、建设美丽中国具有不可替代的作用。

在这一过程中，必须牢牢抓住"关键少数"，即各级党政领导干部。他们是推动生态文明建设和环境治理的中坚力量，必须深刻认识到自身肩负的政治责任和历史使命。领导干部要切实将生态环境保护作为重大政治任务来抓，亲自部署、亲自推动，确保各项政策措施落到实处。同时，他们还要带头践行绿色发展理念，积极倡导绿色生产和生活方式，为全社会树立榜样。

党政领导干部在推进生态文明建设和环境治理时，必须始终坚持党总揽全局、协调各方的原则。要牢固树立和践行"绿水青山就是金山银山"的绿色发展理念，将其贯穿于经济社会发展的全过程和各领域。在制定发展规划、实施重大工程项目时，要充分考虑生态环境影响，确保经济社会发展与生态环境保护相协调。

为了进一步提升环境治理能力和水平，必须积极推进环境治理体系和治理能力现代化。这要求建立健全环境治理的长效机制，完善相关法律法规和政策措施，加强环境监管和执法力度。同时，还要加强科技创新在环境治理中的应用，推动环境治理技术的研发和推广，提高治理效率和效果。通过综合施策、多管齐下，形成政府主导、企业主体、社会组织和公众共同参与的环境治理体系。

在污染防治方面，要坚决打赢污染防治攻坚战。这要求党政领导干部以高度的政治责任感和使命感，带领广大党员干部和人民群众共同努力。要加大对重点区域、重点行业的治理力度，着力解决人民群众反映强烈的突出环境问题。同时，要加强宣传教育，提高全社会的环保意识和参与度，形成全社会共同推进污染防治的良好氛围。

最终目标是建设美丽中国，实现人与自然的和谐共生。这是全体人民的共同愿望，也是党对人民的庄严承诺。通过全面加强党对生态环境保护的领导，我们可以有效提升生态环境质量，促进经济社会可持续发展。领导干部要以身作则、率先垂范，带动全社会形成关心环境、保护环境的良好风尚。只有这样，我们才能共同建设一个天蓝、地绿、水清的美好家园。

（二）建立和完善领导干部生态环境保护责任制

领导干部在环境治理与生态文明建设中扮演着至关重要的角色。然而，长期以来，部分地区存在领导干部片面追求经济增长而忽视资源环境承载能力的问题，导致环境破坏日益加剧。为应对这一挑战，我国采取了一系列有力措施，旨在强化领导干部的环保责任与意识。

21世纪初，中共中央、国务院相继出台了一系列重要文件，如《党政领导干部生态环境损害责任追究办法（试行）》等，这些文件不仅规范了党政领导干部在环境保护方面的行为，还明确了地方党委和政府在环境治理中的具体职责，突出了环保工作在干部履职评价中的重要性。通过这些举措，我国进一步完善了干部考核评价体制，确保领导干部在追求经济发展的同时，也充分考虑环境保护的需要。

与此同时，中共中央办公厅、国务院办公厅印发了《领导干部自然资源资产离任审计规定（试行）》，该规定详细阐述了领导干部自然资源资产离任审计的六个方面内容，特别强调了"依法审计"的原则。这一规定的出台，进一步明确了领导干部在环境保护方面的责任，提高了他们履行环境保护职责的自觉性。通过强化各级环境治理主体的责任，特别是领导干部的环境责任，我国推动了生态环境保护责任体系的不断完善。

我国在环境治理和生态文明建设方面所采取的措施，不仅体现了对领导干部环保责任的严格要求，也彰显了对环境保护工作的高度重视。这些举措有助于促进领导干部在经济发展与环境保护之间找到平衡点，推动我国经济社会的可持续发展。

二、构建环境保护责任体系

在当前生态文明建设的进程中，党和政府的作用至关重要，这不仅关乎经济发展，更承载着深刻的政治意义。为此，政府需在行政管理中强化生态责任，培育生态自觉意识，并加强自身生态能力建设，构建责任政府与生态政府并重的"复合型"发展机制。从宏观与微观两个层面入手，可以进一步完善社会主义生态文明制度，确保生态文明建设的稳健推进。

在宏观层面，法律保障是构建环境保护责任体系的基础。政府应通过立法明确各级政府在生态文明建设中的具体职责与任务，如制定《生态文明建设促进法》和《环境保护责任法》等法律法规，为生态文明建设提供坚实的法律支撑。这些法律应详尽规定政府在环境保护、资源利用、生态修复等方面的责任，确保政府在决策与执行过程中始终将生态责任置于首位。同时，政府还需将生态文明建设纳入国民经济和社会发展规划，设定具体的实施方案与考核指标，确保各项任务得到有效落实，并建立健全生态建设的责任追究机制，对失职部门和个人进行严肃问责。

在微观层面，审计评价制度与生态事故行政问责制度的建立是确保环境保护责任落实的关键举措。政府应加快形成科学的审计评价制度，设立专门的生态审计机构，对生态环境保护工作进行全面审计，评估资源利用、污染治理、生态修复等方面的成效，及时发现并纠正问题。此外，针对生态事故，政府应建立快速响应的行政问责制度，明确事故责任归属，确保在事故发生后能够迅速启动问责程序，查明原因，追究相关责任人的责任，以此维护生态安全，提升政府公信力与执行力。

更为关键的是，政府需构建高层次的生态责任体制，涵盖明确的职责分工、科学的考核机制、严格的问责制度以及广泛的社会监督。这一体制旨在通过制度建设推动行动落实，确保生态文明建设的各项任务得以有效执行，为社会主义生态文明事业的长远发展提供坚实的制度保障。通过这一系列举措，政府将能够在生态文明建设中发挥引领作用，推动经济社会与生态环境的和谐共生。

（一）明确政府主导责任

生态责任作为政府行政责任的重要组成部分，不仅体现了政府在生态文明建设中的强大责任感和使命感，也是中国特色社会主义生态文明制度建设的关键环节。然而，我国政府在生态责任建设方面虽取得一定成就，但仍面临诸多挑战。

（1）政府内部生态责任意识的不足是一个显著问题。由于政府内部职能分工的差异，生态责任往往被视为环境保护部门的专属职责，而其他政府部门则相对忽视其生态责任，这种片面的认知导致了一些生态污染项目在非环保部门得以顺利通过审核并实施。为了纠正这一偏差，我们需要在政府各部门中强化生态文明教育，不仅限于环保部门，而是要将生态责任意识渗透到政府工作的各个环节，确保所有政府部门都能充分认识到自身在生态保护中的责任与义务。

（2）政府生态责任法制的不健全也是制约生态责任落实的重要因素。尽管我国已初步建立了一系列环境保护法律法规，但在环境义务和生态责任的具体立法方面仍存在不足，导致政府在生态环境保护中的责任划分不明确，生态责任制度建设滞后。为此，我们需要加快更新和完善生态责任制度立法，确保政府在生态文明建设中有法可依、有章可循。同时，针对地方特殊发展需求，可在中央政府统一部署下，酌情扩大地方政府的管理权限，建立符合地方实际情况的政府生态责任制度。

（3）政府生态责任监管的不到位也是亟待解决的问题。在环境保护实践中，部分问题得不到及时解决，或仅采取临时性应对措施，缺乏系统的监管体制和责任分析制度。这导致相关人员责任意识淡薄，企业、官员等相互推卸环境保护责任，严重影响了生态环境保护工作的有效性。为此，我们需要加强政府生态责任监管，完善监管体制和责任追究机制，确保资源开发和利用的全过程得到有效监督和管理。

针对上述问题，我们可以采取以下措施来加强政府生态责任建设：一是强化政府生态责任意识教育，提高政府各部门的生态素养和责任感；二是健全政府生态责任法治保障，完善相关法律法规和制度框架；三是加强政府生态责任监管力度，确保各项环保政策和措施得到有效执行；四是推动政府生态化转型，将生态责任融入政府日常行政职能中，促进政府职能的全面升级和转型。

完善政府生态责任制度是中国特色社会主义生态文明制度建设的内在要求和必然选择。通过强化生态责任意识、健全法治保障、加强监管力度以及推动政府生态化转型等措施的实施，我们可以有效提升政府在生态文明建设中的责任感和使命感，为构建美丽中国贡献力量。

（二）强化企业主体责任

企业作为社会经济发展的重要支柱，不仅是财富的创造者，更是生态文明建设的核心参与者和推动者。在新时代背景下，调动企业绿色发展和生态文明建设的主动性，是构建新时代环境保护责任体系不可或缺的一环。

（1）企业经营者需深刻认识到，企业的成功不应仅仅以利润为唯一衡量标准，而应将社会责任视为企业长远发展的基石。在生态文明建设的浪潮中，企业经营者必须转变传统的"利润至上"经营理念，积极构建绿色管理体系。这包括在企业管理层面，将绿色发展理念融入企业经营管理的每一个环节，从战略规划到日常运营，都要以可持续发展为目标；在人员管理层面，通过培训和教育，培养员工的绿色意识，让绿色发展成为每个员工的自觉行动；在产品层面，致力于提升产品的绿色化水平，通过技术创新和材料改进，实现资源的高效利用和环境的友好保护。通过这一系列举措，企业将逐步转型为生态型企业，为生态文明建设贡献力量。

（2）增强企业生态文明建设的法律意识，是确保企业绿色发展的关键。企业应将环境保护的社会责任贯穿于生产经营管理的全过程，建立健全环境生态管理制度，强化自身的生态绿色理念。这要求企业不仅要严格遵守国家环保法律法规，如《中华人民共和国环境保护法》等，还要积极探索适合企业自身特点的绿色管理路径。通过加快科技创新和研发，推动新旧动能转换，实现企业的优化升级。同时，建立绿色风险防范机制，确保企业生产经营活动始终符合法律要求，避免环境违法风险。此外，企业还应积极探索绿色生产方式、绿色营销和绿色理财等新模式，构建具有企业特色的绿色管理体系，为可持续发展奠定坚实基础。

（3）大力实施科技创新，开展绿色生产，是企业实现绿色转型的重要途径。企业应通过创新生产方式，提高资源利用效率，实现节能减排，减少对资源环境的破坏。这包括使用绿色材料，选择符合循环经济要求的生产原料，确保生产过程的绿色化；制定绿色工艺制作流程，将节约资源和保护环境的理念融入产品生产的每一个环节；推广清洁生产，减少排放物和废弃物的产生，并进行无害化处理。有条件的企业还应通过技术创新，实现资源的可回收利用，推动循环经济的发展。通过这些努力，企业不仅能够实现自身的绿色发展，还能为整个社会的生态文明建设作出积极贡献。

（三）鼓励公众共同参与

在经济社会快速发展的背景下，环境问题日益凸显，公众对于良好生态环境的渴望愈发强烈。干净的水源、清新的空气、安全的食品以及优美的环境已成为人们普遍追求的目标。当前，虽然政府对于公众参与环境保护的重要性有了更深的认识，公众的环保意识也有所增强，参与环保工作的成效也逐渐显现，但仍存在一些不容忽视的问题。部分地区政府仍受 GDP 导向的片面影响，过于追求短期经济增长，忽视了环境保护的长远意义，导致生态文明观念尚未深入人心。同时，公众对于生态文明建设的认知仍存在不足，人与自然和谐共生的理念尚未广泛树立，环境教育和宣传的力度也有待加强。

面对这些挑战，我们深刻认识到生态文明建设不仅是政府的责任，更是每一位公众的共同事业。《中共中央 国务院关于全面加强生态环境保护 坚决打好污染防治攻坚战的意见》明确指出，美丽中国需要人民群众的广泛参与和共同建设。因此，我们必须采取措施，激发公众的参与热情，共同推动生态文明建设。

（1）要明确公民在生态文明建设中的主体责任。公众不仅是生态资源的受益者，更是环境保护的参与者和监督者。我们应该引导公众认识到自身在环境保护中的义务，鼓励他们积极参与生态文明建设，同时发挥监督作用，确保政府、企业和其他社会组织在环境保护方面取得实效。

（2）要制定和完善公民参与生态文明建设的保障机制。通过有效的政策引导，激发公众的参与热情，确保他们在环境信息公开、环境影响评价等方面发挥积极作用。为此，我们需要创新参与方式，拓宽参与渠道，让公众在生态文明建设的决策、执行、评价和监督等各个环节都能发挥作用。同时，逐步形成具有中国特色的生态文明公众参与制度，为生态文明建设提供坚实的制度保障。

（3）要完善公民参与生态文明建设的教育体系。教育是提升公众环保意识的重要途径。我们应该将绿色文化融入国家教育体系，制订绿色教育人才培养计划，通过政策和资金支持推动学校开展绿色教育。此外，家庭教育同样重要。父母作为孩子的第一任老师，应该提高自身的环保意识，转变不合理的生活方式和消费方式，为孩子树立良好的榜样。通过言传身教，将生态文明理念传递给下一代，共同推动生态文明建设事业的发展。

三、完善现代环境治理体系

生态文明制度作为国家治理体系的重要组成部分，其完善程度不仅直接关系到生态文明建设的成效，更是实现国家治理现代化的关键所在。为了推动生态文明制度更加成熟定型，我们需要从多个方面入手，包括改革完善生态环境监管体系、完善环境治理政策支撑体系、健全生态环境保护法治体系以及构建生态环境保护社会行动体系。

（一）改革完善生态环境监管体系

政府应明确自身在生态环境监管中的核心角色，从传统的执行者转变为制度设计者和监督者。根据《中共中央　国务院关于全面加强生态环境保护　坚决打好污染防治攻坚战的意见》，我们需要整合分散的生态环境保护职责，实现各部门间的协同合作，避免职能重叠和碎片化治理。为此，政府应加快自然资源及其产品价格改革，完善资源有偿使用制度，确保资源的合理开发和利用。同时，健全自然资源资产管理体制，加强自然资源和生态环境的监管力度，推进环境保护督察工作，落实生态环境损害赔偿制度，并进一步完善环境保护公众参与制度。

（1）完善环境管理制度。这包括建立健全自然资源资产产权制度和用途管制制度。自然资源资产产权制度的完善有助于明确资源的权属关系，保障资源的合理利用和保护。同时，用途管制制度的建立可以确保资源的开发和使用符合生态环保要求，防止过度开发和滥用资源。通过这两项制度的有机结合，我们可以更有效地管理自然资源，促进资源的可持续利用。

（2）完善生态补偿制度。生态补偿制度是推动生态文明建设的重要手段。我们应建立反映市场供求和资源稀缺程度的资源有偿使用制度和生态补偿制度，确保资源使用者承担相应的费用和责任。这不仅能提高资源使用者的环保意识，还能促进资源的合理配置和高效利用。同时，通过生态补偿机制，我们可以对生态环境进行保护和修复，实现经济、社会和环境的协调发展。

（3）完善生态修复制度。生态修复是改善生态环境、促进人与自然和谐共生的关键举措。我们应建立和完善以末端修复为核心的生态修复制度，依靠自然恢复能力和人工辅助手段相结合的方式进行生态系统修复。此外，还应划定生态保护红线，将环境污染控制、环境质量改善和环境风险防范有机结合起来，确保生态环境的可持续发展。通过建立资源环境生态红线制度，我们可以对生态环境进行强制性保护，防止过度开发和污染破坏。

改革完善生态环境监管体系是推动生态文明建设的重要一环。我们需要从环境管理制度、生态补偿制度和生态修复制度等多个方面入手，加强政府监管职能，促进各部门协同合作，确保资源的合理开发和利用。同时，我们还需要加强公众参与和法治保障力度，形成全社会共同参与的生态文明建设格局。

（二）完善环境治理政策支撑体系

完善环境法律是推进环境治理体系现代化、实现全面依法治国的重要一环。依法治国要求对所有权力和经济主体的行为进行约束，而环境法律正是将这一理念融入环境治理的具体实践，旨在用最严格的制度和最严密的法治手段保护生态环境。为此，我们需从以下几个方面着手完善环境法律体系。

（1）要更新立法原则，将生态文明理念深度融入环境立法之中。这意味着我们需要建立新的污染源管制法律制度，对新兴的环境污染问题进行及时有效的法律规制。同时，要提升法律制度的协调性，确保不同部门在环境治理中的协同合作，形成统一高效的环境治理法律体系。

（2）要改革环境司法机制，充分发挥司法在环境保护中的重要作用。这包括健全环境公益诉讼制度，为公众提供有效的法律途径来维护环境权益。同时，要建立有助于环境公益诉讼的审判体制，确保环境案件能够得到公正、高效地审理。

（3）要提升各级政府的环境执法能力。这要求明确中央政府在环境保护中的总体指导和监督职责，同时细化地方政府在环境保护中的具体执行责任。通过加快党政同责的环保督察法治化进程，强化环保督察制度建设，确保各级政府在环境保护中切实履行职责。此外，还应加强对环境执法人员的培训和管理，提高其执法水平和专业素养，确保环境法律得到有效执行。

完善环境法律是推进环境治理体系现代化、实现全面依法治国的必然要求。我们需要从立法、司法和执法等多个方面入手，建立严密的环境法律体系，为生态环境保护提供坚实的法律保障。

（三）健全生态环境保护法治体系

环境治理现代化建设是一项长期而复杂的系统工程，需要建立科学、规范、长期、稳定的经济政策支撑体系来推动其持续进步。这一体系不仅关乎环境保护本身，更深刻影响着国家经济的绿色转型和可持续发展。

1. 完善环境治理的政策支撑体系

环境治理的政策支撑体系是推进环境治理现代化的基石，它涵盖了财政、税收、金融等多个方面，旨在为企业提供强有力的政策支持，引导其走向绿色发展之路。

（1）在财政方面，建议加大对绿色改造和绿色生产的财政投入，对积极进行绿色转型的企业给予资金支持和价格补贴。这些措施不仅能够有效降低企业绿色改造的成本，还能激励更多企业加入到绿色发展的行列中来。

（2）税收政策的完善也是环境治理政策支撑体系的重要组成部分。建议完善绿色税收政策，将更多应受保护的资源纳入环境税的征收范围，并根据资源的稀缺程度适当提高税率。通过税收的调节作用，引导企业和个人更加珍惜资源、保护环境。

（3）金融手段在环境治理中也发挥着不可或缺的作用。建议依托银行、各类金融服务等多元化的社会融资渠道，创新绿色金融手段，如绿色信贷、绿色债券等，为环境治理提供充足的资金支持。同时，随着环保产业的兴起，绿色金融投资将成为金融投资的新方向，引导社会资本更多地流向环保领域，推动企业绿色生产，为绿色发展奠定坚实基础。

值得注意的是，绿色金融投资的一个重要特点是投资决策和投资项目的"绿色化"。在制定投资决策时，应充分考虑项目潜在的环境影响，选择有利于资源节约和环境友好的投资项目。这样既能保障社会资本的绿色投资方向，又能为绿色产业提供源源不断的资金支持。

2. 加快构建绿色产业体系

构建绿色产业体系是推进环境治理现代化的内在要求，也是实现经济社会可持续发展的必然选择。绿色产业采用无害或低害的新工艺、新技术，降低生产过程的能源和材料消耗，生产绿色产品，以实现经济效益和环境效益的双赢。

在构建绿色产业体系的过程中，我们不仅要关注新兴绿色产业的发展，还要注重对传统产业的绿色改造和升级。通过对企业生产技术进行改造和升级，使其生产过程更加清洁化、绿色化，从而减少环境污染和资源浪费。

同时，绿色产业体系的构建还将改变传统的经济增长方式和产业结构。通过发展节能环保产业、清洁生产产业和清洁能源产业等绿色产业，我们可以逐步摆脱对传统高能耗、高污染产业的依赖，推动经济向更加环保、可持续的方向发展。

总之，完善环境治理的政策支撑体系和加快构建绿色产业体系是推动环境治理现代化的重要举措。通过这些措施的实施，我们可以有效促进环境保护与经济发展的良性互动，为实现美丽中国目标奠定坚实基础。

（四）构建环境保护社会行动体系

1. 加强生态文化建设

生态文化建设是生态文明建设的核心组成部分，是构建生态环境保护社会行动体系的关键环节。生态文化的培育旨在提升公民的生态素养，树立正确的生态价值观，进而促进公众积极参与生态文明建设，形成全社会共同保护环境的良好风尚。

首先，生态文化的建设应围绕人与自然的关系展开，强调人与自然的和谐共生。这要求我们重新审视人与自然的互动关系，倡导尊重自然、顺应自然、保护自然的理念。通过植树造林、垃圾分类、节能减排等实践活动，不仅增强公众的环保意识，还促使他们将这些环保行为内化为日常习惯。同时，教育体系应将生态教育纳入其中，从娃娃抓起，培养下一代的环保意识，使环保成为每个人的自觉行动。

其次，生态文化的培育还需关注人与人的社会关系，构建全社会共同参与环保的文化氛围。政府、企业、社会组织和公众应携手合作，通过多渠道、多形式的环保宣传和教育活动，提升公众的环保责任感和参与度。利用媒体、网络、社区活动等平台，广泛传播环保知识，表彰环保模范，激发公众的环保热情，形成"保护环境，人人有责"的共识。

在具体实施过程中，我们应注重以下几点：

（1）教育普及，通过学校课程、社会培训等方式，提高公众的环保知识和技能；

（2）政策引导，制定激励政策，鼓励企业和个人参与环保活动，建立环保信用体系；

（3）社会参与，鼓励和支持各类社会组织和志愿者参与环保活动，形成多元化的环保力量；

（4）媒体宣传，利用各类媒体平台，广泛宣传环保理念和实践，营造浓厚的环保氛围。

2. 完善环境信息公开制度

环境信息公开是公众参与环境治理的重要前提，也是保障公众知情权和监督权的关键。环境信息包括政府环保部门在制定和执行环保政策过程中产生的信息，以及企业在生产过程中对环境的影响信息。

完善环境信息公开制度，首先需要健全生态环境新闻发布机制，利用广播电视、报纸、网站等媒体平台，及时、准确地发布环境信息，曝光环境问题，推动市场主体遵守环保法规，加强环境监管。同时，对于涉及群众切身利益的重大项目，应及时主动公开相关环境信息，保障公众的知情权。

此外，完善环境信息公开制度还需强化重点排污单位的排污信息公开，接受社会监督。通过法律规范、政策引导和激励机制，促使企业严格守法，规范环境行为，落实环保责任。环境信息公开不仅有助于提升公众的环保意识，还能激励政府、市场和社会主体共同监督企业环境表现，推动绿色生产和减排。

3. 推动社会组织和公众参与环境治理

社会组织和公众是环境治理不可或缺的力量。为推动社会组织和公众积极参与环境治理，我们需要建立有效的激励机制和民主决策机制。

（1）应完善公众监督、举报反馈机制，保护举报人的合法权益，鼓励设立有奖举报基金，激发公众参与环境治理的积极性。同时，通过环境教育和培训，提升公众的环保意识和技能，使他们能够更好地参与环境监督和管理。

（2）社会组织应发挥桥梁和纽带作用，引导公众践行绿色生活方式，积极参与环境监督和管理。通过组织环保活动、开展环保宣传等方式，提升公众的环保意识和参与度。此外，社会组织还可以与政府、企业合作，共同推动环保项目的实施和环保政策的制定。

为推动社会组织和公众参与环境治理,我们还需要加强环保教育和宣传,提高公众的环保意识和参与度。同时,政府应提供必要的支持和保障,如提供资金、技术、法律等方面的支持,为社会组织和公众参与环境治理创造有利条件。

四、提升现代环境治理能力

(一)运用绿色技术破解治理难题

环境治理能力的提升是生态文明建设的关键一环,而这一过程离不开治理技术和手段的不断创新与升级。在当前科技迅猛发展的背景下,科学技术革命正成为推动国家治理体系和治理能力现代化的重要驱动力。从技术变革的视角来看,要实现环境治理能力的现代化,必须综合运用多种手段,特别是要加快绿色技术创新进程,以绿色技术破解环境治理中的种种难题。

1. 绿色技术创新:环境治理的核心驱动力

绿色技术创新不仅仅是一种技术上的革新,更是一种发展理念的转变。它贯穿于产品设计、研发、生产等各个环节,强调资源的循环利用和生态的可持续发展。通过绿色技术创新,我们可以开发出更加环保、高效的生产技术,提高资源利用效率,减少废弃物的排放和资源浪费,从而实现经济增长与环境治理的双赢。绿色技术是环境治理的技术基石,它不仅能够解决当前的环境问题,还能为环境治理的现代化提供有力支撑。只有不断推动绿色技术创新,转变传统的生产方式,才能从源头上破解环境治理的难题,真正实现"源头防治",提升环境治理的整体能力。

2. 构建市场导向的绿色技术创新体系

在市场经济条件下,市场需求是企业生产经营活动的重要导向。为了推动环境治理能力的现代化,我们需要构建一个以市场为导向的绿色技术创新体系。这一体系应充分利用市场的调节作用,通过市场倒逼机制驱动企业进行绿色技术创新。政府应在这一过程中发挥积极的调控作用，通过改革环境保护体制机制，严格执行环保、安全、能耗等市场准入标准，淘汰落后产能，从而引导企业加大绿色技术的研发和应用力度。同时，政府还应提供政策支持和资金保障，降低企业绿色技术创新的成本，激发企业的创新活力。通过市场的检验和激励，绿色技术将得以规模化生产和应用，进而推动环境治理能力的持续提升。

3. 加强宣传教育：培育绿色消费文化

除了技术和市场的推动外，宣传教育在提升环境治理能力方面同样发挥着重要作用。政府应加强对绿色消费理念的宣传和教育，提高消费者的绿色消费意识。通过树立绿色文化的价值导向，倡导绿色消费方式，引导消费者主动购买绿色产品，抵制高污染、高能耗的"黑色产品"。绿色消费不仅有助于减少环境污染和资源浪费，还能通过市场需求的变化推动企业加大绿色技术的研发和应用力度。因此，加强宣传教育、培育绿色消费文化是推动环境治理能力现代化的重要一环。政府应通过各种渠道和方式普及绿色消费知识，提高公众的环保意识和参与度，共同推动环境治理能力的不断提升。

（二）加强生态环境监测网络建设

加强生态环境监测网络信息化建设，是提升环境治理科学化、高效化水平的关键路径。这要求建立独立、权威、高效的生态环境监测体系，并构建天地一体化的监测网络，以实现国家及区域生态环境质量的精准预报预警和质量控制。农产品产地环境监测网络作为环境监测的重要组成部分，其建设对于维护人民生态安全、提升环境治理现代化水平具有重要意义。

为此，需依托网络信息化技术，加强农产品等环境污染源的监控、环境质量监测、污染投诉处理及排污收费等系统的建设。21世纪初，国务院发布的《生态环境监测网络建设方案》为环保信息化建设提供了顶层设计和明确方向，强调依靠科技创新与技术进步，加强监测科研和综合分析，提升监测立体化、自动化、智能化水平，并推动全国监测数据联网共享，实现监测与监管的有效联动。

经过多年发展，我国环境监测体系已初步建立并走向专门化，形成了包括环保、水利、国土、气象、林业、农业、海洋等多部门在内的全方位监测新格局。然而，环境治理能力的现代化实施仍需协调各方力量共同推进，信息化建设虽已明确方向，但实现过程仍任重道远。

为深化生态环境监测体制改革，需加快形成上下协同、信息共享的监测网络，提高监测现代化水平。同时，利用互联网技术加强与公众的信息互通，构建信息化的新型环境治理体系。此外，鼓励和引导企业或个人监测设备加入环保监测网络，作为官方监测的补充力量，共同推动环境监测事业的全面发展。通过这些措施，将进一步提升我国环境治理的科学化、高效化水平，为生态文明建设提供坚实支撑。

（三）提升生态治理科学化水平

在当代科技日新月异的背景下，大数据已成为推动各领域创新与发展的关键技术，特别是在环境治理领域，大数据的应用正引领着环境治理能力的现代化转型。大数据作为数据挖掘与智慧应用的前沿技术，为环境治理提供了新的思路和方法。通过积极运用全球变化综合观测、大数据等新手段，我们可以深化对气候变化等环境问题的科学基础研究，提高环境治理的水平和顶层设计的科学性。

环境大数据是基于环境感知需求的不断扩张和数据挖掘技术的持续革新而兴起的，它正处于快速发展但尚不成熟的阶段。面对环境问题的复杂性和跨地域、跨部门合作的必要性，环境大数据的实施显得尤为重要。它不仅能够确保环境监测数据的质量与科学性，还能显著提高环境治理的效率，推动环境监测和治理能力的现代化。

具体而言，环境大数据在环境治理中的应用体现在多个方面。在目标制定阶段，通过对环境大数据的有效分析，我们可以精准模拟当地真实环境，制定科学、可操作的"个性化"治理目标，以适应不同地区的环境容量和污染来源差异。在问题诊断阶段，环境大数据使我们能够全面感知环境质量和污染物排放的动态变化，有效判定环境污染的来源，从而强化环境治理效果。在解决方案阶段，大数据提供了丰富的环境数据支持，使我们能够量化原本难以量化的内容，为建立治理模型提供可靠依据，更好地连接治理方案与治理目标，有效解决环境污染问题。

总之，环境大数据的应用正在推动环境治理从经验型向科学化、精细化转变，为实现环境治理能力的现代化提供了强有力的技术支撑。随着大数据技术的不断发展和完善，我们有理由相信，环境治理将迎来更加高效、精准和可持续的未来。

（四）加强生态执法能力建设

环境监管作为环境治理的关键环节，对于保障生态环境质量、推进环境治理能力现代化具有不可替代的作用。近年来，我国在环境监测预警和环境执法监督方面取得了显著进展，环境监管水平得到了显著提升。然而，面对新时代建设美丽中国的宏伟目标，我们仍需清醒地认识到，当前的环境执法监管能力尚不能完全满足生态文明建设的迫切需求。

在基层环境监管层面，尤其是农村地区，环境监管力量相对薄弱，环境监测管理人员的专业素养和学历水平有待进一步提升。为了应对这一挑战，我们必须从硬实力和软实力两个方面同时入手，全面加强环境监管执法能力建设。

在硬实力方面，我们需要进一步强化环境监管能力，特别是针对新增减排领域的环境监管。这包括加强环境预警体系建设，提高应对环境突发事故的能力，以及提升环境监测和环境治理的效能。同时，信息化建设也是不可或缺的一环。通过加快环境监管的信息化建设，推动数据共享，我们可以更有效地利用现代化技术来监控污染源、监测环境质量，从而提升环境监管的科学性和精准性。

在软实力方面，环境监测执法人才队伍建设是实现环境治理能力现代化的核心。我们需要培养一批具有现代化思维方式、掌握环境治理科学理论、善于运用现代化手段的环境监管执法人员。这些人才应该具备开放性思维，能够不断创新环境监管方式和方法，为环境监测技术的现代化、管理的现代化和执法的现代化提供有力支撑。

制度的生命力在于执行。只有确保各项生态文明制度和环境治理政策的有效执行，我们才能将其转化为实际的治理效能。为此，我们需要从国家层面出发，坚持和完善中国特色社会主义制度，推进国家治理体系和治理能力现代化。在环境治理方面，这要求我们在顶层设计的指导下，强化系统治理、依法治理和综合治理的思路。同时，通过优化升级绿色技术，我们可以进一步提升环境治理的效能。

中国生态文明制度建设思想是在实践基础上的理论创新，它融合了马克思主义生态观、西方主流生态思想和中国古代生态保护智慧。这一思想体系科学地回答了为什么要进行生态文明制度建设、建设什么样的生态文明制度以及如何构建生态文明制度体系等问题。在中国生态文明制度建设的道路探索中，我们经历了从理念到实践、从单一制度到系统制度体系、从自上而下的环境管理制度到多元参与的现代环境治理体系的转变。通过不断加强制度建设的顶层设计，我们已经构建起了具有中国特色的生态文明制度体系。

回顾新中国成立 70 多年的历程，中国共产党领导人民在中国大地上建立了具有中国特色的生态文明制度，形成了具有中国特色的生态文明建设模式，并开辟了具有中国特色的生态文明建设道路。这一成就不仅是对全球生态文明建设的重要贡献，也为世界其他国家提供了可借鉴的经验和启示。展望未来，我们将继续深化生态文明制度改革，推动环境治理能力现代化，为建设美丽中国、实现中华民族永续发展作出新的更大贡献。

第七章　生态文明的法治保障

第一节　生态文明与法治保障

一、中国生态环境法治的总体实效与主要经验

（一）总体实效

21世纪初以来，随着全球环境问题的日益严峻，中国积极应对挑战，新的发展理念和生态文明观在实践中不断得到清晰和深化。生态文明体制改革在这一背景下全面展开，改革的四梁八柱基本建立，制度体系逐步走向健全，体制机制稳步改革，为生态环境保护提供了坚实的制度保障。中央生态环境保护督察在实践中不断深化，通过一系列强有力的措施，推动了生态环境保护工作的深入开展。雾霾污染防治攻坚战作为重中之重，持续深入进行，有效改善了空气质量。同时，相当多的热点问题在社会各界的广泛参与和共同努力下得到了妥善解决。

与以往相比，无论是立法还是执法，近几年中国的生态环境法治工作都取得了显著成效。立法方面，以环境质量达标和改善为目的，不断完善大气污染防治、水污染防治等领域的法律法规，确立了以环境质量管理为核心的

管理模式，并使其在实践中得到有效落地。执法方面，执法力度不断加大，执法行为越来越规范，环境司法体制正在逐步健全，环境司法制度不断取得新突破。同时，环境信息公开和公众参与持续开展，环境权力监督和民主监督正在发挥越来越重要的作用，环境民主的机制和环境共治的机制建设在实践中不断深化。

此外，中央生态环境保护督察等制度在实践中发挥了前所未有的作用。通过督察，及时发现和解决了许多生态环境保护方面的突出问题，推动了生态环境保护工作的深入开展。总的来看，近几年中国生态环境法治工作取得了显著成效，生态环境法治的理念得到升华，生态环境质量持续改善，人民群众的生态环境获得感不断增强。

（二）主要经验

21 世纪初以来，是生态文明建设"五位一体"全面建设的时期。在这一时期，中国生态环境法治成绩的取得，既有全党全国各族人民共同努力的因素，更有方法论上的创新和突破。具体经验可以总结归纳为以下几点：

（1）实行环境共治，发挥多元主体作用。通过实行环境共治，充分发挥了地方党委在环境保护大局中的决定性作用，地方人民政府的执行作用，人大的权力监督和政协的民主监督作用，司法机关的监督尤其是公益诉讼审判的作用，社会组织和公民的参与和监督作用，以及企业的主体作用。这种多元共治的格局，为生态环境保护提供了强大的合力。

（2）优化区域空间发展格局，控制区域环境风险。通过优化区域的空间发展格局，合理规划产业布局和生态环境保护空间，使区域环境风险得到有效控制。同时，通过规划环境影响评价和建设项目环境影响评价等制度，对可能影响生态环境的项目进行严格把关，确保生态环境安全。

（3）打击数据造假，建立全国生态环境监测网络。通过建立全国生态环境监测网络，对生态环境质量进行实时监测和评估，保障了环境保护考核的真实性和准确性。同时，严厉打击数据造假等违法行为，倒逼地方人民政府加强生态环境保护工作，推动产业转型升级。

（4）实施环境许可管理，有效实施环境法律制度。通过环境许可管理等制度，对可能影响生态环境的活动进行审批和监管，确保环境法律制度得到有效实施。同时，加强环境执法力度，对违法行为进行严厉打击，维护了环境法律制度的权威性和严肃性。

（5）开展生态文明建设考核，推动绿色发展。通过生态文明建设考核等制度，推动生产发展、生活富裕、生态良好的发展模式的确立。同时，加强生态环境保护与经济发展的协调性和互动性，实现经济社会发展与生态环境保护的良性循环。

（6）强化中央生态环境保护督察和专项督查，清理整顿"小散乱污"型企业。通过中央生态环境保护督察和环境保护专项督查等制度，对"小散乱污"型企业进行清理整顿，推动产业结构科学调整和工业技术转型升级。同时，加强生态环境保护与产业结构调整的结合性和互动性，实现生态环境保护与经济发展的双赢。

（7）党政严肃问责和提起公益诉讼，遏制环境违法行为。通过党政严肃问责和授权社会组织、检察机关提起公益诉讼等制度，对侵占自然保护区、破坏湿地、污染环境等违法行为进行严厉打击和遏制。同时，加强生态环境保护与法治建设的结合性和互动性，推动生态环境保护工作走向法治化轨道。

（8）狠抓党建和执法队伍建设，提升环境执法水平。在全国环境执法大练兵的基础上，通过狠抓党建和执法队伍建设等措施，促进执法的规范化、制度化和程序化。同时，加强环境执法监察人员的培训和教育力度，提高他们的专业素养和执法能力水平。这些措施的实施为全面提升环境执法监察的水平和实效提供了有力保障。

目前，全社会对生态环境质量改善的获得感不断增强，生态文明的理念不断深入民心。生态文明建设和体制进一步深化改革的共识已经形成，为推动生态环境保护工作走向更高水平提供了有力支撑。

二、促进中国生态环境法治工作的总体建议

在生态环境法治、环境保护战略及生态文明体制改革方面，我们应采取一系列综合措施。

（1）在生态环境法治理论研究上，需加强对薄弱领域和争议之处的探索，特别是中国特色社会主义的生态文明法治理论，如党政责任分配、党内法规与国家立法的衔接等。同时，应推动生态文明的政治化、经济化、社会化、法治化和文明化研究，加强党内法规学科建设，形成中国特色社会主义生态环境法治学。

（2）在环境保护战略、规划或行动计划的制订上，需明确阶段性发展要求和环境保护提升要求，让企业投入和环境保护工作具有可预期性。同时，要把握环境保护工作的节奏，科学谋划，排出时间表、路线图、优先序，稳步推进。针对环境污染防治能力不均衡的问题，环境保护的战略、规划或行动计划应体现区域、环境容量、城乡和产业差异。

（3）在生态文明体制改革措施的落实上，需继续以问题为导向，制定并落实改革措施，解决区域发展不充分和不平衡的问题。通过城市精细化管理、科技和管理创新，推进能源革命、公共交通等改革，系统性地解决城市病问题。同时，各城市和城市群应定好位，做大做强新兴产业集群，提升转型升级的内生动力，在发展中解决环境问题。

此外，还应继续推进环境保护措施，加强生态文明体制和机制建设，提升污染排放标准，加强环境信用和事中事后监管，淘汰落后产能，化解过剩产能，以更加有效的制度保护生态环境。

在生态文明立法与制度和机制建设方面，建议采取一系列全面而深入的措施，以确保生态环境保护工作的有效推进和持续加强。

（1）在立法层面，全国人大和国务院应充分发挥其主导作用，精心规划并制定生态文明法律和生态文明条例。这些法律法规的制定应紧密围绕改革措施，将实践中的成功经验转化为法律条文，确保立法工作既具有理论导向，

又符合目标导向和问题导向。具体而言，全国人大常委会和国务院应深入研究改革文件，将区域生态补偿、生态环境损害赔偿、省政府代表国家开展生态索赔、环境保护 PPP 机制、环境保护第三方治理机制、排污权交易制度、环境管家服务、环境信用管理等生态文明体制改革措施在法律中予以制度化或进一步完善。同时，针对工业园区、开发区的建设，建议在《中华人民共和国环境影响评价法》中明确环境影响评价制度，并规定"三线一清单"制度和产业准入负面清单制度，以有效控制区域风险。在此基础上，建议加强《规划环境影响评价条例》与《建设项目环境保护管理条例》相衔接，确保法律法规的协调性和一致性。

（2）在行政法规层面，建议加快出台《排污许可条例》，将排污许可作为地方环境污染物排放总量控制和环境质量达标的核心手段，实现对企业环境监管和环境守法的个性化和一般化结合。同时，应巩固以往的环境执法经验和成果，制定《环境执法监察条例》，推动执法监察工作的专业化、制度化、规范化和程序化。此外，建议修改《自然保护区条例》，以行政法规的形式巩固生态红线的划定和严守要求。在部门规章层面，应基于改革文件，尽快填补环境污染强制保险、环境信用管理等领域的立法空白，构建更加完善的生态文明法规体系。

（3）在制度和机制建设方面，建议将对社会主要矛盾的新判断写入党章、宪法以及环境保护法律、法规和政策中，并在生态环境保护方面提出具体要求，使之成为社会各界共同遵循的准则。这有助于推动形成人与自然和谐发展的现代化建设新格局。同时，建议加强事前预防性的制度建设，特别是加强环境影响评价制度的改革，建立工业园区和开发园区等园区的规划环境影响评价制度，实现区域环境风险控制和建设项目环境影响风险控制的有机结合。对于中西部城市超越发展阶段试点环境保护零审批制度的现象，应坚决予以制止。

此外，建议加强党内法规与国家法律法规的衔接工作，为中央生态环境保护督察、环境保护专项督察、环境保护党政约谈等工作提供坚实的党内法规和国家立法基础。同时，应统一省市的生态红线划定，科学制定生态红线划定的方式方法，并建立健全生态红线管控制度。在机制创新方面，我们应积极探索信息化、信息公开、公众参与、社会监督和公益诉讼等机制，建立行政处罚、引咎辞职、诉讼受理和行政追责等自动启动机制，使行政监管的权力受到权利和其他权力的制度化约束。这有助于推动环境法律法规的常态化实施，让制度和改革措施真正运转起来，防止其成为摆设。只有这样，我们才能克服中央生态环境保护督察非常态化的不足，有效遏制地方保护主义现象，推动生态环境保护工作不断取得新的成效。

在环境保护执法与司法领域，我们需采取一系列有力措施以强化环境保护的效能。

（1）在执法方面，首要任务是全面建立环境保护权力清单，并配套建立尽职免责的环境监管制度，为监管人员提供一个明确的法治框架，激励他们依法监管，从而确保经济发展和环境保护的和谐并进。在此基础上，我们应在巩固中央生态环境保护督察和专项督察制度的同时，推行督察回头看和环境保护问题的量化问责制度，联合国家监察委共同制定相关问责规定，确保环境保护监督的常态化和有效性。此外，建议加大有奖举报力度，鼓励公众参与环境保护监督，特别是针对工业企业偷排、监测数据作假等行为。对于"一刀切"式的执法，建议建立追责和损害赔偿制度，确保执法公正性和有效性。同时，生态环境部应出台环境违法取证指南，指导各级生态环境部门及时、全面、客观地收集证据。为了适应打击散乱污企业和即时违法的工作需要，我们还需强化快速取证的技术手段，提高现场监测和鉴定能力，建议修改相关法律法规，认可这些技术的法律效力。另外，环境影响评价制度的实施也应得到强化，确保其与"三同时"验收、排污许可证管理等制度的有效衔接。

（2）在司法方面，针对立案难或拒绝受理的环境公益诉讼和环境私益诉讼案件，我们鼓励社会组织和当事人向生态环境部常设的中央生态环境保护督察机构反映情况，以加强党中央对环境司法的领导和监督。同时，建议加强全国环境司法案件审判案卷的统一评估，促进案件裁判尺度的统一。为了解决环境诉讼资金短缺的问题，我们建议在司法部的管理下成立环境公益诉讼和环境私益诉讼救助基金。此外，遵照《中华人民共和国行政诉讼法》，建立社会组织提起环境行政公益诉讼的制度，并明确社会组织的起诉权应优先于监察机关的起诉权。在环境民事公益诉讼方面，遵照《中华人民共和国民事诉讼法》和《中华人民共和国环境保护法》，明确建立社会组织提起可以赔偿的公益诉讼和省级人民政府提起公益诉讼的制度，并规定在利益竞合时前者的起诉权优先。最后，为了优化审判资源配置，我们应加强对环境诉讼热点和重点领域的配置，提高一审法院环境行政诉讼的审判专业性。

（3）在环境保护守法、信息公开与公众参与，以及权力监督和民主监督方面，我们需要采取一系列全面而深入的措施，以推动生态环境保护工作的有效实施和持续改进。

（4）在环境保护守法方面，针对落后地区环境意识相对滞后的现状，建议通过传统媒体如广播电视、报纸，以及新媒体如微信等平台，加大对典型违法案例的宣传力度，特别是在中西部地区，要切实提升公众的环保意识和法律素养。同时，我们应大力推行环境信用管理，通过建立健全环境信用体系，对企业的环保行为进行全面评估，并根据评估结果采取相应的奖惩措施，以此激励企业自觉遵守环保法规，提升环保水平。

（5）在信息公开和公众参与方面，我们首先遵照《环境保护公众参与条例》，明确社会组织和公民参与环境共治的途径和方式，为公众参与环保工作提供有力的法律保障。同时，我们要加强对各级地方人民政府环境信息公开的监管，建立统一的信息公开模板和考核机制，提升信息公开的质量和效率。对于尚未搭建信息公开平台的地区，我们应充分利用上级政府网站技术平台，保障技术安全，加强信息资源整合，避免重复投资。此外，我们还需要修改相关法律法规，设立按日计罚的制度，对企业不按照法律要求进行信息公开的行为进行严厉处罚。在环保宣传教育方面，我们要防止宣传教育网络的空心化、形式化，明确环保教育的主体，兼顾新老媒体，注重宣传教育的系统化与专业化，实现环境宣传教育的全面覆盖。对于重点企业环境监测数据作假、屡次偷排、连续作假等行为，我们应遵照《中华人民共和国刑法》和《中华人民共和国环境保护法》，追究其刑事责任，通过《绿色发展指标体系》和《生态文明建设目标评价考核办法》，将公众代表的评议结果纳入考核体系，使公众参与更加有序化。

（6）在权力监督和民主监督方面，我们可以遵照《中华人民共和国环境保护法》，明确规定地方各级人民政府需每年向本级人大常委会汇报环境保护工作情况，并鼓励人大常委会委员和人大代表开展相关质询。同时，各级人大应建章立制，加强对环境保护工作的制度化监督，建立专门的汇报表决制度，并全面公开权力监督信息，完善问责机制。在政协方面，我们应推进环境保护民主监督的规范化、制度化、程序化，将环境保护民主监督纳入年度协商计划，并制定落实和反馈机制，确保政协在环保工作中的监督作用得到有效发挥。通过这些措施的实施，我们可以进一步提升环保工作的透明度和公信力，推动生态环境保护事业不断向前发展。

在新时代背景下，中央生态环境保护督察与环境保护国际合作成为推动中国生态环境保护的重要力量。为充分发挥中央生态环境保护督察的抓手作用，我们需采取一系列措施。首先，中央生态环境保护督察组在督察各省的同时，也应加强对国家发展改革、自然资源、工业信息、住建、水利、气象等与生态环境保护紧密相关部门的督察，促使这些部门审视自身在地方和行业环境保护法治指导、协调、服务和监督方面的不足，并限期整改。这一举措旨在理顺中央和地方生态文明法治的事权关系，确保国务院有关部门的工作部署和改革措施更加贴合地方实际，从而提升改革措施的有效性。督察工作不仅要关注环境保护的表象问题，如环境质量达标、生态破坏恢复、矿山开采环境监管等，更要深入探究本质问题，如生态文明体制改革文件的落实情况、区域空间开发利用结构优化、农村污染处理基础设施建设等。发现问题后，应及时加强对地方的辅导，确保问题得到有效解决。

（7）在环境保护国际合作方面，我们也须采取有力措施。首先，应持续打击走私固体废物的行为，防止洋垃圾非法进入中国，并加强对沿海地区循环经济产业的检查和环境监管，淘汰落后、低端的企业和产业园，促进产业园区和产业的转型升级。其次，鼓励企业组织联盟，与银行合作，到国外开展废弃物的利用与再生，再将加工后的原料出口到中国境内，实现双赢。此外，还应继续加强野生动物保护的国际合作，夯实象牙贸易禁止的成果，使中国成为野生动物保护领域的引领者。同时，加强环境保护产业合作，提高市场化程度，深度融入国际组织的活动，发出中国声音，保护国家利益。最后，加强国内、国际环境法律的衔接，提高履约能力，加强对能力建设与技术转让的呼吁，强调共同但有区别责任原则，关注新兴和优势领域，推动国际环境法律的发展。同时，加强国际化环境法律人才培养，提高环境智库国际化水平，积极推进、引领生物多样性等环境保护国际议题的谈判。

展望未来，随着中国特色道路日益清晰，国内发展环境不断优化，社会主义行政监管和市场经济体制优势愈发明显，生态文明法治的制度体系也将越来越健全。在这一全局性、战略性的行动纲领指引下，我们将针对中国生态环境保护的法治问题，采取更加切实有效的措施，予以化解和克服，为构建美丽中国贡献力量。

第二节　生态文明立法的完善

一、生态文明入宪的问题

（一）生态文明入宪的必要性

1. 生态文明入宪是健全中国特色社会主义法律体系、发挥宪法总揽生态文明建设法制格局的内在要求

只有实行最严格的制度、最严密的法治，才能为生态文明建设提供可靠保障。首先，在国家立法方面，以生态文明为指导，全国人大常委会多年以

来修订了《中华人民共和国环境保护法》和《中华人民共和国大气污染防治法》。修订后的上述法律都开宗明义地提出推进生态文明的立法目的，如《中华人民共和国环境保护法》规定："为保护和改善环境，防治污染和其他公害，保障公众健康，推进生态文明建设，促进经济社会可持续发展，制定本法。"而且，围绕生态文明"生产发展、生活富裕、生态良好"的衡量标准，上述修订后的法律开展了体制改革、制度设计、机制创新和责任分配工作。其次，以环境保护法律为依据的各类行动计划。可以说，不管是环保领域的法律，还是其他相关的行政法律、民事法律和刑事法律，都正按照"五位一体"的要求，通过法律精神和规则体系全面展现中国生态文明建设的道路自信、理论自信、制度自信、文化自信。

但是，作为我国的根本大法，宪法关于环境保护的规定，除对于土地产权和土地使用规定外，仅限于规定中的"矿藏、水流、森林、山岭、草原、荒地、滩涂等自然资源，都属于国家所有，即全民所有；由法律规定属于集体所有的森林和山岭、草原、荒地、滩涂除外。国家保障自然资源的合理利用，保护珍贵的动物和植物。禁止任何组织或者个人用任何手段侵占或者破坏自然资源"和其规定的"国家保护和改善生活环境和生态环境，防治污染和其他公害。国家组织和鼓励植树造林，保护林木"。我们不能苛求历史，不能用现在的眼光和要求来批判以前的立法，但是，我们可以放眼未来，立足于现在的条件和基础，用发展的眼光和要求来评价这些规定，如有哪些不符合形势，予以针对性地修改和完善。从这点看，无论是在"序言"中，还是其后的正文中，都缺乏关于生态文明建设的宣誓性阐述和原则性规定。由于缺乏宪法的规定，下位立法关于生态文明的阐释和规定，无论是从逻辑推理上看，从内容的完整性上看，还是从体系的衔接和协调上看，都是有缺憾的。

因此，无论是从立意上还是具体规定上，都应当予以弥补。我国是社会主义法治国家，按照中国特色社会主义法律体系的要求，只有宪法有了关于生态文明的思想阐述和原则性规定，发挥总揽全局的规范作用，我国的基本法律和其他法律、行政法规和规章、地方法规和规章、自治条例和单行条例等，才能一以贯之地继承和发展习近平生态文明思想，使生态文明建设真正从法律上进入"五位一体"的格局，真正使生态文明的建设措施法制化、制度化和程序化，切切实实地融入每个企业的生产和每个公民的生活中。

2. 生态文明入宪是党内法规和国家立法相互衔接、促进生态文明改革党内部署和生态文明法制建设全面协调的历史必然

这一进程不仅体现了中国共产党对于生态文明建设的深刻认识和坚定决心，也展示了中国特色社会主义法治体系的不断完善和发展。

自 21 世纪初以来，生态文明建设被提升至前所未有的战略高度，成为关系人民福祉、关乎民族未来的长远大计。建设生态文明实质上是要建设以资源环境承载力为基础、以自然规律为准则、以可持续发展为目标的资源节约型、环境友好型社会。这一理念在随后党的各项重要文件中得到了进一步丰富和发展，并最终在《中华人民共和国宪法修正案》中得以正式确立。宪法明确规定要推动物质文明、政治文明、精神文明、社会文明、生态文明协调发展，把我国建设成为富强民主文明和谐美丽的社会主义现代化强国。这一修改不仅将社会主义生态文明观融入了特定的中国宪法观，也标志着生态文明制度与政治制度、经济制度、文化制度、社会制度一起，成为了宪法上的五大制度。

生态文明入宪的过程，是党内法规和国家立法相互衔接、相互促进的生动体现。作为执政党，中国共产党在生态文明建设方面发挥着领导核心作用。党内法规的制定和实施，为生态文明建设的顺利推进提供了坚实的制度保障。这些党内法规的出台，不仅明确了生态文明建设的指导思想、政策、方法和路径，也为党内生态文明工作的规范化、制度化提供了重要依据。

与此同时，国家立法也在不断完善，为生态文明建设提供了更加全面、系统的法律支持。在宪法关于生态文明建设的根本规定下，国家制定了一系列生态环保法律法规，如《中华人民共和国环境保护法》《中华人民共和国大气污染防治法》《中华人民共和国野生动物保护法》等，这些法律在节约能源资源、保护生态环境、应对气候变化等方面作出了针对性规定。

党内法规和国家立法的相互衔接和协调，为生态文明建设的全面推进提供了有力保障。一方面，党内法规的制定和实施为国家立法提供了重要的指导和参考，确保了国家立法在生态文明建设方面的科学性和合理性。另一方面，国家立法的不断完善也为党内法规的制定和实施提供了更加坚实的法律基础，确保了党内法规的合法性和有效性。

在生态文明建设的具体实践中，党内法规和国家立法的相互衔接和协调也发挥了重要作用。例如，在污染防治攻坚战中，党内法规和国家立法共同发力，形成了强大的工作合力。党中央通过制定和实施一系列生态文明改革措施，加强了对生态文明建设的全面领导和部署。同时，国家立法机关也积极出台相关法律法规，为污染防治攻坚战提供了有力的法律保障。这些法律法规的实施不仅有效地遏制了环境污染和生态破坏的趋势，也促进了经济社会的高质量发展。

（二）生态文明入宪的具体建议

1. 生态文明进入宪法的思路和方法

（1）内容体现党章的要求，但表述符合宪法的风格。党章关于生态文明的规定与宪法关于生态文明的规定，虽然属于两个独立的规则体系，但是联系紧密。中国共产党按照党章和宪法规定执政，党章规定了执政的理念、纲领、道路、策略、目标，宪法规定了国家运行的根本准则。最好的衔接和协调办法，是参考之前修宪的经验，把党章关于生态文明的阐述和要求，用法律思维和方法转化到宪法中。党章是对党的组织和全体党员的要求，宪法是对国家机关、企事业单位、社会组织、个人等的要求，因此，宪法在转化党章有关生态文明的规范性要求时，在"序言"中可以对"五位一体"总体布局和"四个全面"战略布局作出阐述，对生态文明的理念、战略和目标作出阐述，在"总纲"中将生态文明的建设要求转化为国家机关、企事业单位、社会组织、个人的基本的权利和义务。

（2）采用理论阐述与原则规定相结合的方法。党章在"总纲"的"我国正处于并将长期处于社会主义初级阶段"一段中,把生态文明建设纳入"五位一体"总体布局,确立了其基本的定位。在此基础上,"总纲"专门增设一段"中国共产党领导人民建设社会主义生态文明"阐述生态文明的理念、国策、道路、战略和目标。党章"总纲"对生态文明的设计方法和内容,可供宪法修改时参考。宪法在"总纲"之前还有"序言",两者的内容都有与党章"总纲"内容契合的地方。可以把党章"总纲"中有关生态文明建设的要求,转化到宪法的"序言"和"总纲"中。其中,"序言"侧重于理论和思想性的表述及道路与目标的阐述,"总纲"侧重于原则性宣誓、基本权利确认、基本义务赋予以及其他基本性事项的规定。

(3)梳理现有政策和法律的规定,提炼出生态文明建设的系统性和根本性规定。通过一直以来修改,党章关于生态文明建设的战略变得清晰,路径已很明确,目标也可达,转化到宪法的"序言"中,难度不大。难就难在如何把《中华人民共和国宪法》中关于环境保护的规定上升到生态文明建设的高度,并用几句基本的准则性规定概括生态文明的系统性要求。为此,有必要梳理《中华人民共和国环境保护法》《中华人民共和国大气污染防治法》《中华人民共和国野生动物保护法》等环境保护法律法规关于生态文明建设的表述,既梳理出一个对所有主体适用的普遍要求,也梳理出对国家机关、企事业单位、社会组织、个人等适用的不同要求,然后在宪法"总纲"中对生态文明建设分类或者对合并地作出实质性规范。

2. 生态文明进入宪法的具体建议

将生态文明正式纳入宪法,不仅是对我国长期以来生态文明建设实践的肯定,更是对未来可持续发展道路的明确指引。

(1)应在宪法中明确生态文明建设的国家战略地位。建议在宪法序言或总纲部分,增设关于生态文明建设的专门条款,强调生态文明建设是中华民族永续发展的千年大计,是关系中华民族根本利益和全人类福祉的重大事业。这一条款应突出生态文明建设的重要性,将其提升至与经济建设、政治建设、文化建设、社会建设同等甚至更为重要的位置,从而在国家根本大法层面确立生态文明建设的战略高度和优先地位。

（2）宪法应明确生态文明的基本原则和核心价值。建议将"尊重自然、顺应自然、保护自然"的生态文明理念，以及"绿水青山就是金山银山"的发展理念写入宪法，作为生态文明建设的根本遵循。同时，确立生态优先、绿色发展、循环发展、低碳发展的基本原则，以及人与自然和谐共生的核心价值，为生态文明建设提供明确的法律导向和价值取向。

（3）宪法应规定生态文明建设的具体目标和任务。建议在宪法中明确，到本世纪中叶，把我国建成富强民主文明和谐美丽的社会主义现代化强国，其中"美丽"主要体现为生态文明建设目标。具体任务可包括：建立健全生态文明制度体系，完善生态保护红线、环境质量底线、资源利用上线和生态环境准入清单（即"三线一单"）制度；实施生态系统保护和修复重大工程，提升生态系统质量和稳定性；加强生态环境监管和执法力度，严惩环境违法行为；推动形成绿色发展方式和生活方式，促进经济社会发展全面绿色转型等。

（4）宪法应赋予公民、法人和其他组织在生态文明建设中的权利和义务。建议明确公民享有在良好生态环境中生活的权利，同时承担保护生态环境的义务。鼓励和支持法人及其他组织积极参与生态文明建设，通过技术创新、产业升级、绿色消费等方式，为生态文明建设贡献力量。同时，建立生态文明建设公众参与机制，保障公众对生态环境保护的知情权、参与权、表达权、监督权。

（5）宪法应强化生态文明建设的法治保障。建议将生态文明建设纳入国家法治体系，建立健全生态文明法律法规体系，确保生态文明建设有法可依、有章可循。加强生态文明领域的司法保障，严厉打击破坏生态环境的犯罪行为，维护生态环境公共利益。同时，建立生态文明建设的监督考核机制，将生态文明建设成效纳入政府绩效考核体系，确保生态文明建设各项任务得到有效落实。

将生态文明纳入宪法，需要明确其国家战略地位、基本原则和核心价值，规定具体目标和任务，赋予公民、法人和其他组织相应的权利和义务，并强化法治保障。这一系列措施将共同构成生态文明建设的宪法基础，为推动我国生态文明建设不断向前发展提供坚实的法律支撑和制度保障。

3. 生态文明入宪的最终结果

生态文明入宪的最终结果，是构建起一个以宪法为核心，涵盖法律法规、政策文件、制度机制等多层面的生态文明法治体系，为我国乃至全球的生态文明建设提供了坚实的法律基础和制度保障。这一结果不仅标志着我国生态文明建设进入了新的历史阶段，也彰显了我国作为负责任大国的国际担当。

生态文明入宪后，最直接且显著的影响是提升了生态文明建设的法律地位。宪法作为国家的根本大法，具有最高的法律地位、法律权威和法律效力。将生态文明写入宪法，意味着生态文明建设已成为国家意志的组成部分，具有不可动摇的法律基础。这一变化促使各级政府、企事业单位和公民个人更加重视生态文明建设，将其视为必须履行的法律义务，而非可选项。

在宪法精神的引领下，我国生态文明法治体系不断完善。一方面，国家立法机关加快了生态文明相关法律法规的制定和修订步伐，如《中华人民共和国环境保护法》《中华人民共和国大气污染防治法》《中华人民共和国土壤污染防治法》等，这些法律法规的出台为生态文明建设提供了更加具体、可操作的法律依据。另一方面，各级政府也积极响应宪法要求，出台了一系列生态文明建设的政策文件和制度机制，如生态环境损害赔偿制度、生态补偿机制、环境保护目标责任制等，这些政策和机制的实施有效推动了生态文明建设的深入发展。

生态文明入宪还促进了我国经济社会发展方式的深刻变革。在宪法精神的指引下，我国开始从过去的高污染、高能耗、低效益的粗放型发展方式，向绿色、低碳、循环、可持续的发展方式转变。这一转变不仅体现在产业结构优化升级、能源结构调整、节能减排等方面，也体现在绿色消费、绿色出行、绿色居住等生活方式的变化上。这些变化不仅提高了我国经济的整体素质和竞争力，也为全球生态文明建设提供了有益的借鉴和示范。

同时，生态文明入宪还推动了我国生态文明国际合作的深化。作为世界上最大的发展中国家和负责任大国，我国在生态文明建设方面取得了显著成就，积累了丰富的经验。通过加强与国际社会的交流与合作，我国积极分享生态文明建设的成功经验和做法，为推动全球生态文明建设贡献了中国智慧和中国方案。此外，我国还积极参与全球环境治理和气候变化谈判，为构建人类命运共同体、推动全球可持续发展作出了积极贡献。

最终，生态文明入宪的结果体现在我国生态环境的显著改善上。随着生态文明建设的深入推进，我国生态环境质量得到了明显提升，空气、水、土壤等环境质量指标持续改善，生物多样性得到有效保护，人民群众的生态环境获得感、幸福感不断增强。这些成果不仅是对宪法精神的生动诠释，也是对生态文明建设成果的最好证明。

二、《生态文明促进法》制定的基本问题

（一）立法必要性

生态文明的有关内容，上至《中华人民共和国宪法》，下至《中华人民共和国环境保护法》《中华人民共和国大气污染防治法》《中华人民共和国水污染防治法》等环境保护专门法律，都有不同程度的涉及。目前，中国已经进入政治、经济、社会、文化、生态文明建设"五位一体"的社会，需要将生态文明以法治化的措施融入国家生活的主战场。但是，目前缺少一部有关生态文明促进方面的综合性法律。制定专门的生态文明促进法律，可以从宏观、系统的角度为生态文明建设和改革指明方向，做出规划，提出要求，也可以让生态文明建设和改革方面的规范更加具有可操作性。目前，我国关于生态文明的法律规定分散，缺乏有机的整合，不能形成明确、统一的要求，发挥的指导作用也较为局限。如果全国人大制定一部专门的生态文明促进法，统领各部门法中与生态文明建设相关的条款，会使生态文明建设的法律基础更加扎实，规范体系更加完备，实施更加有力，效果也将会更加显著。

（二）立法的名称

根据各方面的讨论来看，关于生态文明立法的名称有以下几个选择：

一是《生态文明建设促进法》；二是《生态文明促进法》；三是《生态文明法》。其中，《生态文明建设促进法》的名称仅涉及建设，不涵盖生态文明体制改革，所以标题关键词的缺失必然导致立法内容的缺失，不全面，不能达到该法的立法目的；《生态文明法》涉及生态文明的方方面面，过于宽泛。由于生态文明建设和改革的基本法律应当是一个原则法、框架法，对生态文明的建设和改革作出基本的原则性规定，因此《生态文明促进法》的名称，相对其他两个选择而言，更加合理一些。

（三）立法的地位

如果《生态文明促进法》被全国人大常委会通过，那么该法就是生态文明建设方面的综合性、基础性法律。如果该法能被全国人大通过，就能成为一部基本的法律，可以作为《中华人民共和国环境保护法》《中华人民共和国大气污染防治法》《中华人民共和国水污染防治法》《中华人民共和国野生动物保护法》等一般性环境保护法律的实施和修改的依据。同时，鉴于生态文明涉及方方面面的工作，超越于环境保护，其促进立法所调整的内容难以为《中华人民共和国环境保护法》全部涵盖，而制定《生态文明促进法》这部基本法律，则可以发挥相应的补充作用。如果把《生态文明促进法》上升为生态文明建设和改革方面的基本法律，势必能够进一步促进我国生态文明法制体系的完善。可见，制定生态文明建设和改革的基本法既是中华民族永续发展的需要，也是中华文明长期繁荣昌盛的新时代的需要。

（四）立法的定位

首先，《生态文明促进法》应是一部涉及"五位一体"的法律，即它不仅仅是环境保护法或是环境保护促进法，而应当是促进政治、经济、社会、文化、生态文明一体化发展的综合性法律，是涵盖"生产发展""生活富裕""生态良好"三方面基本内容的综合性法律。因此在制定《生态文明促进法》时，应充分考虑我国当前的政治环境、经济环境、社会文化环境、生态文明建设现状以及我国参与推动全球生态环境治理、建设清洁美丽世界的努力，在现有的基础上，结合现状并指出未来生态文明发展的方向和目标。只有这样，才能使我国生态文明的建设和改革更加富有可行性和前瞻性。

其次，《生态文明促进法》应是一部以促进为手段的法律。该法应从各方面促进我国的生态文明建设，因此主要内容的规定宜粗不宜过细。当然，在监管体制方面可以作出细致的规定。《生态文明促进法》的促进法定位，可以为生态文明建设的一般法律在自己的框架内作出细致的规定留出空间。

最后，《生态文明促进法》应是一部具有综合性和协调性的法律。《中华人民共和国宪法》对生态文明作出了基本的规定，《中华人民共和国环境保护法》和其他环保法律都把促进生态文明建设作为立法目的的落脚点。但在法律上，"生态文明"的定义却存在缺失。在理论界和实务界，"生态文明"被经常提及，但"生态文明"的法律定义却并不清晰，这在一定程度上限制了生态文明建设和改革的法制发展。在实践中，生态文明容易成为一个框，容易被滥用或者误解。只有明确生态文明"生产发展""生活富裕""生态良好"的基本内涵，才能发挥《生态文明促进法》在经济法学、民商法学、行政法学、社会法学、环境法学方面的价值指引作用，体现该法的综合性和协调性。

此外，《生态文明促进法》应是一部将推进国内生态文明建设和共谋全球生态文明建设结合起来的法律。随着综合国力的增强，我国在共谋全球生态文明建设中，也扮演着越来越重要的角色，是重要的参与者和贡献者。在一些领域，我国甚至是引领者。

因此，《生态文明促进法》作为我国生态文明方面的基本法，理应与国际接轨，体现大国意识和大国责任，与其他国家同舟共济、共同努力，构筑尊崇自然、绿色发展的生态体系，推动全球生态环境治理，建设清洁美丽世界。在内容的设计方面，制定《生态文明促进法》时，要有涉及中国参与国际生态文明建设的条文，体现我国在哪些方面是参与者，在哪些方面是引领者；在哪些方面需要积极参与，在哪些方面需要表明态度。例如，中国目前已经是全球气候变化应对和野生动物保护领域的引领者，这可以在该法中阐明。在这些方面甚至更多领域，应明确我国将持续发挥更大的作用，这将为我国参与国际环境治理与生态文明建设打下基础，使我国更好地履行大国责任，做好大国榜样。

（五）立法的指导和依据

从国家层面来看，《关于加快推进生态文明建设的意见》《生态文明体制改革总体方案》《关于全面加强生态环境保护坚决打好污染防治攻坚战的意见》等文件为我国生态文明建设打下了体制、制度和机制基础，为《生态文明促进法》的制定指明了方向，提出了要求。从地方层面来看，生态文明示范区的建设使生态文明制度建设取得重大突破，总结生态文明建设的典型经验，可以为《生态文明促进法》的制定提供更加具有现实意义的借鉴。目前，产权清晰、多元参与、激励约束并重、系统完整的生态文明制度体系在国家和地方层面正在不断建立和健全，这可为《生态文明促进法》的制定充实内容。

制定《生态文明促进法》时，应依据国家生态文明建设和改革的文件要求，紧扣以下两个方面的内容，一是以习近平生态文明思想为指导，确立五大生态文明体系，设计中国生态文明建设和改革的基本原则，构建生态文明建设和体制改革的主要制度。二是系统梳理中央发布的有关生态文明建设的重要文件以及到目前为止生态文明工作取得的改革成果，归纳出共识性和规律性的内容，充实到《生态文明促进法》的主要内容之中。

（六）立法的基本原则和主要制度

对于基本原则，《生态文明促进法》作为一部基本法律，应当构建自己的体系。这个原则体系的适用范围应当更加广泛，超越《中华人民共和国环境保护法》的原则体系。习近平生态文明思想的"八个坚持"体现了这种超越性，应当纳入该法。但是这八个坚持，如坚持生态兴则文明兴，坚持人与自然和谐共生，坚持绿水青山就是金山银山，坚持良好生态环境是最普惠的民生福祉，坚持山水林田湖草是生命共同体，坚持用最严格的制度和最严密的法治保护生态环境，坚持建设美丽中国全民行动，坚持共谋全球生态文明建设，在法律上是价值理念还是基本原则，需要探讨。法律不同于政策文件，它由法律规范组成，体现判断性和规范性，因此对于价值理念性的八个坚持，需要以法言法语的形式予以转化。譬如"坚持生态兴则文明兴""坚持人与自然和谐共生""绿水青山就是金山银山"等，可以作为价值理念，但是要使它们具有判断性、准则性和适用性，成为法律的基本原则，就不能字字照搬，必须转化为自己特有的基本规则。

对于主要制度，《生态文明促进法》制定时，要以习近平生态文明思想及中央生态文明建设和改革文件为指导，围绕蓝天、碧水、净土、生态保护修复、产业结构调整、企业提质增效等方面，开展绿色政治、绿色经济、绿色社会、绿色文化等方面规范体系的构建。对于促进的方法，即建立什么样的生态环境治理体系，要完善生态环境监管体系、健全生态环境保护经济政策体系、健全生态环境保护法治体系、强化生态环境保护能力保障体系、构建生态环境保护社会行动体系，如生态环境保护社会行动体系应当包括公众参与、公益诉讼、宣传教育等制度。

（七）立法的体例与主要内容

关于立法的具体内容，制定《生态文明促进法》时，建议按照我国立法框架的设计惯例，围绕全国生态环境保护大会提出的五大体系，即生态文化体系、生态经济体系、目标责任体系、生态文明制度体系、生态安全体系，开展具体条款的设计和具体内容的组织工作。

（1）在立法目的方面，制定《生态文明促进法》时，应当把"五位一体"写进去，体现生态文明的地位和作用。当然，作为"绿色"法律，该法在第

1 条中应当阐明通过生态环境保护促进可持续绿色协调发展的目的。

（2）在生态文明的定义方面，制定《生态文明促进法》时，应当予以科学地界定。明确了概念才能划定框子，为该法所有的条文设计和内容部署打好基础，也为生态文明法律体系的形成奠定基础。

（3）在思路和方法方面，制定《生态文明促进法》时，应当明确生态文明建设的目标、战略、任务、路径和方法，完整地体现"绿水青山就是金山银山"的思想，展示在保护中发展、在发展中保护的保护优先、绿色发展思路，提出阶段性生态文明建设和改革目标。作为生态文明建设和改革的基本法，该法应从国家全面发展的大局出发，充分考虑我国国情，结合各方面的现状，既要保护好环境，维护好生态，又要在保护的基础上持续推进绿色政治、绿色经济、绿色文化、绿色社会建设。

（4）在管理体制方面，生态文明建设不仅是生态环境、自然资源等少数部门的职责，按照"一岗双责"的要求，还涉及其他相关部门，部门交叉很难避免。因此制定《生态文明促进法》时，要明晰各部门的职责，让生态文明建设变成各地方、各部门共同参与的事项，形成各方面和各层级的合力，从而更加出色地完成生态文明建设和改革的各项任务。

（5）在治理体系方面，制定《生态文明促进法》时，要建立生态文明的国家治理体系，发挥各方面的作用，特别要强调公众的参与和司法的监督作用。环境保护党政同责近期需要继续发挥作用，但是从长远上看，还是需要公众的参与和司法的监督，发挥他们在生态文明权力、权利和利益平衡格局中的作用。由于国家法律法规难以规定地方各级党委的职责，可以尝试性地作出原则规定"环境保护党政同责、一岗双责、失职追责、终身追责"，把地方各级党委的作用以宣誓性的方式写进去，这样有利于党内法规在与该法衔接的格局下，开展细致的目标考核和责任追究体制、制度和机制构建工作。

（6）在促进措施方面，制定《生态文明促进法》时，要综合考虑现实国情和所面临的问题，治标和治本相结合，稳中有进地推进生态文明建设的各项工作。要针对现有经济、民事、行政等法律体系开展生态化工作，同时也要推进生态产业化。生态文明的法律，不能太过侧重于资源节约、污染防治和生态保护，也应该有促进经济绿色增长、增强可持续发展能力等内容；既要强调"绿水青山就是金山银山"，设计制度大力保护生态环境和生态安全，也要致力于如何使"绿水青山"转变成"金山银山"，通过产权改革和激励措施调动绿色发展的积极性。

（7）在工作监督方面，制定《生态文明促进法》时，要与党中央、国务院下发的生态文明文件相衔接，强化评价与考核，创设生态文明建设目标、生态文明建设评价、生态文明建设考核、自然资源离任审计、领导干部生态环境损害责任追究等相关制度，进一步巩固中央环保督察和绿色发展指数评价等工作成果。制定《生态文明促进法》时，可在《生态文明建设目标评价考核办法》的基础上，对生态文明建设的评价标准与考核办法等作出总体规定。在追责方面，可以仅作出一个衔接性的原则规定，不作出具体的规定，这样可以发挥中共中央、国务院《党政领导干部生态环境损害责任追究办法（试行）》的保障作用。

（八）配套文件的制定

《生态文明促进法》除了要设计与相关党内法规的衔接规定之外，其实施还需要配套性地制定相关的法规、规章、标准、行动计划。

首先，制定《生态文明促进法》时，应考虑制定与之相配套的党内法规或者党内文件。若该法原则性地规定地方党委在生态文明建设中的领导作用，规定地方党委和政府要建立权力清单，那么就需要另外出台相应的配套文件，明晰党委和政府在生态文明建设中的职责以及违反职责规定应该承担的责任等。只有这样，才能形成党内和国家两方面的合力，提升该法的实施绩效。

其次，制定《生态文明促进法》时，应进一步完善配套的法律法规体系。例如，全国人大常委会需要以《生态文明促进法》为标尺，对政治、经济、社会、文化、生态环境保护方面的法律法规进行评估，进行系统梳理，按照

《中共中央 国务院关于全面加强生态环境保护 坚决打好污染防治攻坚战的意见》的要求，在加快制定和修改土壤污染防治、固体废物污染防治、长江生态环境保护、海洋环境保护、国家公园、湿地、生态环境监测、排污许可、资源综合利用、空间规划、碳排放权交易管理等方面开展法律、法规、规章和标准的立改废工作，既查漏补缺，也升级改造，补齐生态文明建设的立法短板。只有这样，我国的生态文明建设和体制改革才能制度化、规范化、程序化、体系化。

三、《中华人民共和国野生动物保护法》修改的难点和亮点

（一）修改的难点

《中华人民共和国野生动物保护法》在修订中，在以下热点方面，各部门、各方面都有不同的想法，有的甚至有不同的利益，争论很激烈，修法拉锯战也比较厉害。

1.“动物福利”一词应否进入这部法律的问题

修订初稿时，在本人和其他环境保护专家的推动下，“动物福利”进入了条文草稿里。后来动物保护人士之间出现了一些意见分歧，如有的动物保护人士说，《中华人民共和国野生动物保护法》就是野生动物福利保护法，“动物福利”应该入法；而有的动物保护人士则不同意，说“动物福利”是给人工控制下的野生动物的，会刺激野生动物的驯养繁殖，增加驯养繁殖现象，不利于野生动物的整体保护。后来，争论来争论去，还是没有形成一致意见，全国人大也担心社会上出现“人的福利都没有搞好，你们还搞动物的福利立法”的指责，就把它拿掉了。尽管如此，《中华人民共和国野生动物保护法》通过稿还是规定了野生动物福利保护的实质性条款。

2. 可否利用野生动物的问题

因为现行的《中华人民共和国野生动物保护法》的立法目的之中，有“合理利用野生动物资源”的规定，基本方针中有“国家对野生动物实行……积

极驯养繁殖、合理开发利用的方针"的规定，一些动物保护人士看了就不高兴，指责"利用"在条文中出现的次数太多，不适应目前的社会发展要求。其实，看一部法律是不是前进了，不要单纯看某个字眼或者词语出现了多少次。即使立法只规定一处"利用"，但里面如包括太多"利用"的内容，也没有什么进步。

立法的进步更主要的是看它的立法目的、基本理念、主要思想和制度构建是不是前进了。通过稿有很多进步之处，如保护栖息地、对待野生动物不得违反社会公德、不得虐待野生动物等，实质上大大加强了对野生动物的保护。一些动物保护人士特别在意"利用"出现了多少次，出现得多了，就说它是"利用法"，我不赞同。由于禁止对所有的野生动物进行商业利用很困难，所有的国家都未做到，在本人的建议之下，立法目的中的"合理利用野生动物资源"曾一度被修改为"规范利用野生动物资源"。规范是个中性词，主要还是限制甚至禁止。但是，动物保护人士还是不愿意，最后的处理结果为：

（1）在立法目的之中把包括"利用"的这一句拿掉了，变成拯救珍贵濒危野生动物，维护生物多样性和生态平衡，推进生态文明建设；

（2）把基本方针中的"积极驯养繁殖、合理开发利用"改成"规范利用"。实事求是地说，从形式上看，通过稿中的"利用"一词少多了，但是从内容上看，目前野生动物的商业性人工繁育还没有废止，甚至修改的内容离动物保护人士的期望更远，即提出分类管理的问题，对于人工繁育技术稳定成熟的国家重点保护的野生动物品种，可以不作为野外物种来对待。言下之意，可能在一定程度上作为经济动物对待，这更加刺激了一些动物保护人士。这说明立法是一个利益和价值逐渐平衡的过程，很多追求难以一下子实现。

（3）野生动物资源到底归谁所有的问题。有的说属于国家所有；有的说不属于国家所有，而属于全社会甚至全人类所有。有的提出，"野生动物资源属于国家所有"的规定，会促进将野生动物作为资源进行商业性利用行为的发生，这不符合现代国家的发展要求。

（二）修改的亮点

1. 以生态文明为指导

以生态文明为指导依法保护野生动物，认可了实质性的动物福利，明确提出不得虐待野生动物，对待野生动物不得违反社会公德。在现行的《中华人民共和国野生动物保护法》中，对虐待动物等一些违反社会公德的行为并没有加以明确的限制和禁止，此次《中华人民共和国野生动物保护法》修订，在动物福利方面作出了如下具有历史飞跃性的规定。

（1）虽然没有明确写出"动物福利"这四个字，但是在条例中，却规定了实质性的动物福利保护内容："人工繁育国家重点保护野生动物……根据野生动物习性确保其具有必要的活动空间和生息繁衍、卫生健康条件，具备与其繁育目的、种类、发展规模相适应的场所、设施、技术，符合有关技术标准和防疫要求……"这种用实质性规定来取代名义条款的做法，在转型期也是一个聪明之举。等社会进一步形成动物保护意识之后，再明确规定"动物福利"一词，水到渠成。

（2）明确在条例中规定"不得虐待野生动物"。禁止虐待动物这一规定最早出现于清末时期京城的城市管理规定之中。20世纪时，南京等地的地方法也作了专门立法，并细化了虐待的具体情形。此次《中华人民共和国野生动物保护法》修订，增设此规定，是中国反虐待动物史上的一个里程碑。其实，不得虐待动物就是最低层次的动物福利保护，此修改也是中国动物福利保护法史乃至世界动物福利保护法史上的一件大事。

（3）在条例中规定"利用野生动物及其制品的，应当以人工繁育种群为主，有利于野外种群养护，符合生态文明建设的要求，尊重社会公德，遵守法律法规和国家有关规定"。这为禁止残忍地对待野生动物、残忍地利用野生动物打下了法制基础，是中国人道立法的重大进步，是中华文化法制化的进步。对待动物人道，必然促进人与人之间的和谐。这些进步，为国家下一步研究制定《反虐待动物法》奠定了基础。

2. 加强野生动物栖息地的保护

在这方面，此次立法修改将"野生动物保护"改为"野生动物及其栖息地保护"，实行了保护对象的全面性、系统性和相关性。例如，在制定规划的时候，对野生动物栖息地、迁徙通道的影响要进行论证；再如，建设铁路、桥梁等工程时，可能破坏一些野生动物的栖息地和迁徙通道，就应该采取一些补救的措施。为了保护野生动物栖息地，新法还规定国家林业行政主管部门要确定并发布野生动物重要栖息地名录。另外，很多野生动物消失和它的栖息地碎片化有关系，所以必须促进野生动物栖息地的整体化。目前国家正在根据国家公园改革方案，研究国家公园立法，这对于整合自然保护区、湿地公园、森林公园、野生动物保护栖息地等相关区域，是一个利好。

3. 回归科学，把"驯养繁殖"改为"人工繁育"

因为一些野生动物是难以驯养的，所以与"驯养繁殖"相比较，"人工繁育"一词要科学一些。为此，驯养繁殖许可证也改为了人工繁育许可证。人工繁育分为公益性质和商业性质两类，修订后的法律对商业性人工繁育收紧了，采取名录制。在收紧的同时好像又有点放宽，即对于技术成熟稳定的一些国家重点保护野生动物品种，可以不按照野外野生动物的品种进行管理。言下之意，可以按照特殊的经济动物来处理。在这一点修改上，目前分歧还比较大。

4. 限制和规范野生动物的利用

（1）把现行法方针里的"合理利用"改成了"规范利用"，即把"国家对野生动物实行加强资源保护、积极驯养繁殖、合理开发利用的方针，鼓励开展野生动物科学研究"改为"国家对野生动物实行保护优先、规范利用、严格监管的原则，鼓励开展野生动物科学研究，培育公民保护野生动物的意识，促进人与自然和谐发展"。保护思路的修改，体现了立法对野生动物保护的生态效果、社会效果及全社会共治作用的重视。

（2）把"三有"动物的判定标准"有益的或者有重要经济、科学研究价值"修改为"有重要生态、科学、社会价值"。去掉了经济价值的判定标准，意味着利用野生动物在我国会越来越规范，条件或者限制会越来越严格，保护的野生动物品种可能越来越多，既体现了国家的经济进步，也体现了公众思想的进步。

5. 重视对野生动物损害的补偿

野生动物伤人和毁坏财物的案子很多，对财产和人身伤害的补偿，现行法仅规定"因保护国家和地方重点保护野生动物，造成农作物或者其他损失的，由当地政府给予补偿。补偿办法由省、自治区、直辖市政府制定"，而很多地方政府没有钱，给予受害民众的经济补偿往往是不充分的。野生动物资源属于国家所有，国家所有的受保护的野生动物伤害了老百姓，老百姓自己承担全部或者部分损失也是不科学的。此次修订规定了"有关地方人民政府可以推动保险机构开展野生动物致害赔偿保险业务"，通过保险制度来部分解决损害的补偿。另外，新法还规定"有关地方人民政府采取预防、控制国家重点保护野生动物造成危害的措施以及实行补偿所需经费，由中央财政按照国家有关规定予以补助"，解决了地方资金紧缺和对损失补偿不充分的现实问题。资金渠道解决了，有利于全社会形成保护野生动物的氛围，促进人与野生动物的和谐共处。

6. 提出了各方面参与的制度和机制

例如，规定国家鼓励公民、法人和其他组织依法通过捐赠、资助、志愿服务等方式参与野生动物保护活动，支持野生动物保护公益事业；各级人民政府应当加强野生动物保护的宣传教育和科学知识普及工作，鼓励和支持基层群众性自治组织、社会组织、企业事业单位、志愿者开展野生动物保护法律法规和保护知识的宣传活动；教育行政部门、学校应当对学生进行野生动物保护知识教育；新闻媒体应当开展野生动物保护法律法规和保护知识的宣传，对违法行为进行舆论监督。可以说，新的《中华人民共和国野生动物保护法》是一个野生动物保护的共治法。

7. 扩大了违法行为的范围

（1）不得提供违法交易的平台，如"禁止网络交易平台、商品交易市场等交易场所，为违法出售、购买、利用野生动物及其制品或者禁止使用的猎捕工具提供交易服务"。

（2）不得违法生产和购买以动物为材料的食品，如"禁止生产、经营使用国家重点保护野生动物及其制品制作的食品，或者使用没有合法来源证明的非国家重点保护野生动物及其制品制作的食品。禁止为食用非法购买国家重点保护的野生动物及其制品"。

（3）禁止一些广告行为，如"禁止为出售、购买、利用野生动物或者禁止使用的猎捕工具发布广告。禁止为违法出售、购买、利用野生动物制品发布广告"。

（4）不得违法放生，如"任何组织和个人将野生动物放生至野外环境，应当选择适合放生地野外生存的当地物种，不得干扰当地居民的正常生活、生产，避免对生态系统造成危害。随意放生野生动物，造成他人人身、财产损害或者危害生态系统的，依法承担法律责任"。

8. 法律责任更加严厉

（1）除规定没收违法所得外，还规定了按照货值多少倍来处罚的措施，如有的罚款是野生动物货值的1～5倍，有的是2～10倍，如"违反本法第十五条第三款规定，以收容救护为名买卖野生动物及其制品的，由县级以上人民政府野生动物保护主管部门没收野生动物及其制品、违法所得，并处野生动物及其制品价值2倍以上10倍以下的罚款"。

（2）立法修改结合目前的社会管理实际，引进了诚信管理的有效方法，如"将有关违法信息记入社会诚信档案，向社会公布"。

（3）对失职渎职的政府官员规定了撤职、开除和引咎辞职等严厉的法律责任，如"野生动物保护主管部门或者其他有关部门、机关不依法作出行政许可决定，发现违法行为或者接到对违法行为的举报不予查处或者不依法查处，或者有滥用职权等其他不依法履行职责的行为的，由本级人民政府或者上级人民政府有关部门、机关责令改正，对负有责任的主管人员和其他直接责任人员依法给予记过、记大过或者降级处分；造成严重后果的，给予撤职或者开除处分，其主要负责人应当引咎辞职"。

参 考 文 献

[1] 宋宇晶，苏小明．推进生态文明法律与经济激励机制建设的路径研究
    ［J］．成都行政学院学报：2015．

[2] 孙佑海．依法治国背景下生态文明法律制度建设研究［J］．西南民族大
    学学报（人文社科版）：2015．

[3] 李健芸．生态文明观视角下环境法律制度建设探析［J］．中南林业科技
    大学学报（社会科学版），2016．

[4] 闫明豪．我国自然保护区生态保护红线法律制度研究［D］．吉林大学，
    2017．

[5] 周珂．生态文明建设与法律绿化［M］．北京：中国法制出版社，2018．

[6] 王莉．中国环境法律制度研究［M］．北京：中国政法大学出版社，2018．

[7] 陈家骏．生态文明观视角下环境法律制度建设探析［J］．法制博览，
    2018．

[8] 谢彪，徐桂珍，潘乐．水生态文明建设导论［M］．北京：中国水利水电
    出版社，2019．

[9] 邓玉英．探究开展资源环境责任审计，推进生态文明制度建设［J］．财
    经界，2019．

[10] 张观发．生态文明建设与食品安全概述［M］．武汉：华中科技大学出
    版社，2019．

[11] 杨朝霞．生态文明观的法律表达［M］．北京：中国政法大学出版社，
    2020．

［12］展洪德. 面向生态文明的林业和草原法治［M］. 北京：中国政法大学出版社，2020.06.

［13］王凤春. 生态文明制度体系建设与环境法律体系转型所面临的几个基本问题［J］. 环境与可持续发展，2020.

［14］郑艳玲. 生态文明与生产者责任延伸［M］. 北京：企业管理出版社，2020.

［15］吕文林. 中国农村生态文明建设研究［M］. 武汉：华中科技大学出版社，2021.

［16］王旭. 中国生态文明制度建设思想研究［M］. 沈阳：东北大学出版社，2021.

［17］罗贤宇. 当代中国公民生态文明价值观培育研究［M］. 北京：中央编辑出版社，2021.

［18］黄锡生. 生态文明法律制度建设研究［M］. 重庆：重庆大学出版社：2022.

［19］刘晓雨，尹贵斌. 生态文明制度建设的主要路径分析［J］. 经济研究导刊，2022.

［20］唐凯. 响应当今生态文明号召观当下环境法制与法治［J］. 法制博览，2022.

［21］杨苗苗，梁秋霞. 数字经济空间溢出效应与城市绿色发展的关联性分析［J］. 邢台学院学报，2024.

［22］赵林，张春霆，高晓彤. 黄河流域绿色发展与共同富裕耦合协调水平变化及其影响因素［J］. 经济地理，2024.

［23］张静杰. 绿色发展理念助力乡村振兴研究［J］. 智慧农业导刊，2024.

［24］陈爱忠. 面向微观经济体的绿色发展指标体系构建研究［J］. 智能制造，2024.

［25］王淑杰，徐艳玲. 新质生产力视域下的绿色发展：内在耦合、现实需求与实现路径［J］. 菏泽学院学报，2024.

［26］李苏，赵军，达潭枫. 绿色金融对工业绿色发展的影响机制检验［J］. 统计与决策，2024.

［27］崔琳昊，冯烽. 数实融合与城市绿色发展：影响与机制［J］. 上海财经大学学报，2024.

［28］吴冰清. 绿色发展理念对国土空间规划编制的影响分析［J］. 房地产世界，2024.

［29］马梦瑶，唐健雄. 中国旅游环境系统韧性对绿色发展效率的影响与空间溢出效应［J］. 统计与决策，2024.

［30］何代欣，周赟媞. 面向绿色发展的税制结构优化［J］. 税务研究，2024.

［31］张悦. 区域建筑业绿色发展效率优化路径研究［D］. 西安理工大学，2024.

［32］段艳丰，张传娣. 新发展阶段中国绿色发展的系统论审视［J］. 东华理工大学学报（社会科学版），2024.

［33］王锋，李皓浩，吴建雄. 中国经济绿色发展的政策演变、评价方法和实现路径［J］. 绿色矿山，2024.

［34］姬新龙，刘琴. 数字经济与绿色发展耦合协调的时空演化及障碍度分析［J］. 华东经济管理，2024.

［35］王丹丹，陈莉. 绿色发展理念引领乡村振兴的丰富意蕴和实现路径研究［J］. 安徽农业科学，2024.

［36］潘斌. 数字经济对工业绿色发展的空间效应研究［D］. 内蒙古财经大学，2024.